北京印刷学院研究项目资助出版（项目编号：E-b-2013-08）

研究团队建设的制度环境考察

肖志鹏　著

知识产权出版社

全国百佳图书出版单位

图书在版编目（CIP）数据

研究团队建设的制度环境考察/肖志鹏著 . —北京：知识产权出版社，2016. 6

ISBN 978-7-5130-1411-3

Ⅰ.①研… Ⅱ.①肖… Ⅲ.①科学研究—学术团体—研究 Ⅳ.①G311

中国版本图书馆 CIP 数据核字（2014）第 082414 号

内容提要

本书以研究团队为例，以 20 世纪科学发展中的重大突破为研究背景，运用比较研究、统计分析和案例分析等研究方法，从科学史和科学社会学等角度就研究集体的形成、功能、制度环境及它与重大科学突破、跨学科研究活动和科学学派之间的关系等进行深入、系统分析，试图找出研究团队的形成机制、研究团队如何应用多学科研究来提高科学劳动效率及改进科研管理、研究团队与其他科学集体有何特殊关联，得出团队研究工作的一般规律性，以便为我国在探求科研组织的最佳形式和制度环境时有所借鉴和启示。

责任编辑：李　娟　于晓菲　　　　　　　　责任出版：孙婷婷

研究团队建设的制度环境考察

YANJIU TUANDUI JIANSHE DE ZHIDU HUANJING KAOCHA

肖志鹏　著

出版发行：**知识产权出版社** 有限责任公司	网　　址：http：//www. ipph. cn
电　　话：010-82004826	http：//www. laichushu. com
社　　址：北京市海淀区西外太平庄 55 号	邮　　编：100081
责编电话：010-82000860 转 8363	责编邮箱：yuxiaofei@cnipr. com
发行电话：010-82000860 转 8101/8029	发行传真：010-82000893/82003279
印　　刷：北京中献拓方科技发展有限公司	经　　销：各大网上书店、新华书店及相关专业书店
开　　本：720mm×1000mm　1/16	印　　张：9
版　　次：2016 年 6 月第 1 版	印　　次：2016 年 6 月第 1 次印刷
字　　数：150 千字	定　　价：48. 00 元

ISBN 978-7-5130-1411-3

前　言

在现代科学的发展之初，科学研究还是以个体为基础的活动。虽然 19 世纪中期，在科学劳动集体化方面出现了从学术机构等一般机构中分出研究部门的趋势，但是 19 世纪后半叶产生的研究实验室，直到 20 世纪初期，在科学的发展中并没有起到明显的作用。

在科学的进一步发展越来越需要科学劳动的协调而又缺乏有形的研究集体的条件下，在科学迫切需要新的变革之际，出现了 19 世纪末 20 世纪初开始的科学革命。这次革命引起了科学知识生产方式的重大变化，为科学研究中新型组织形式的出现创立了前提。不但科学研究微分化的过程加深了，而且科学研究各领域积分化的过程及相互结合、相互渗透的趋势也加强了。科学家不能再把其所从事的科学研究当作单纯为个人兴趣或智力上的满足而从事的事业。因为科学家所从事的科学研究本身已被纳入社会生产交换系统，成为一种社会分工，成为一部分社会成员的生存方式，成为一种社会劳动的形式。科学家所面临的问题本身，在大多数情况下都带有综合的性质，并且为了解决这些问题而要求根据内部高度劳动分工来加强科学家大集体。科学由以个体为基础的活动变成以集体为基础的活动。在科学劳动从个体形式向集体形式过渡的环境下，研究集体或团队（team）也开始出现了。

经过这次科学革命之后，科学进入了一个飞跃发展的崭新时期。特别是从 20 世纪中期开始，新的学科和领域不断涌现，包括大量的交叉学科、边缘学科和横断学科；大量综合性的研究课题也不断出现，要解决这些综合性课题，需要完成多方面的任务，常常涉及多学科的知识；许多研究课题需要大功率和超精密的仪器才能进行，要耗费巨额的资金。同时，许多国家因军事及国际政治的需要逐渐加强了对科学的计划和控制，从而出现了许多大型的科学工程和研究项目，如各国的航天计划、核研究工程、生物基因工程等。这些因素一方面促使科学在规模和结构上也发生了很大变化，另一方面还影响着科学家的科学活动方式。科学由此呈现出被科学社会学家称为"大科学"的图景。

在现代科学条件下建立新的科学方向时，协调科学家劳动的正常形式仍然是研究集体或团队。因此在许多情况下，重要科学成就的研究是在基本群体的联合，以及其他类似的集体科学工作形式的范围内完成的。纵观 20 世纪科学发展的历史，我们发现，杰出的科学成就多半都是与集体或团队的活动相联系的。根据美国科学社会学家朱克曼（H. Zuckrman）的统计，从 1901—1972 年，共有 286 位诺贝尔奖获得者，其中有 185 人即三分之二的获奖者是与他人合作进行获奖研究的；并且合作研究的比例在逐步升高。美国科学史家普赖斯（D. Price）在对《化学文摘》杂志进行计量分析时也发现，与 1910 年 80% 以上的论文只有一个作者的情况不同，1963 年化学论文中两个以上作者署名的比例达到 68%。马瑟斯也曾指出，"最近十年，实际上所有的诺贝尔奖奖金都被小集体的领导者获得"。这些事实说明，随着 20 世纪"大科学"的发展，科学家个人劳动形式的重要地位正逐渐被科学家集体或团队的劳动形式所取代。

因此，探讨和分析研究集体或团队发挥创新能力的特点和优化机制，对于今天的科学活动和 R&D 管理都具有重要的意义。首先，它有利于提高国家的科学研究水平。当前国际社会的竞争，很重要的一个方面就是经济实力的竞争，而经济实力竞争的实质就是科学技术的竞争。对研究集体或团队进行深入的、系统的考察，能够从中寻找到提高科学劳动效率及改进科研管理的有益经验，得出集体科学工作的规律性，探求科研组织的最佳形式。其次，它能够为国家培养出高水平的科研人才。成功的科学集体或团队能够培养出一定数量的科学精英和一流的科学家。最后，它有利于改进国家的科研管理体制，提高科研管理水平。现代科研管理体制需要适应"大科学"的发展新特点，如何改善和提高科研管理水平，这就需要从科学发展的历史中汲取研究集体或团队的成功经验。研究集体或团队科研活动组织的历史和形成条件、科研活动的运行机制及管理手段、研究团队是如何保证团队集体创造出更多科研新成果的……这些相关的经验对改进国家的科研管理体制和提高科研管理水平都有重要意义。

　　最早对团队进行研究的是国外学者。1965 年，美国学者托克曼（B. W. Tuckman）在对大量的研究小组进行考察后第一次提出团队发展的模型。托克曼提出，团队发展应经历四个阶段：形成期（Forming）、爆发期（Storming）、规范期（Norming）和成熟期（Performing）。1977 年，托克曼完善并发展了自己的模型，指出团队发展还要经历第五个阶段，也是最后一个阶段——结束期（Adjourning）。虽然托克曼开创了团队研究的先河，但不可否认的是，他独创的工作只是描述了他所观察到的团队发展的路径，而不管这些团队自身是否已经意识到它。此后，虽然其他学者试图在团队的学习模型、团队的多样性、认知和创造性、团队的环境、团队的投入问题和成熟团队的转向等方面改进和扩展托克曼的团队发展模型，但他们的研究工作更多的是关注团队的韵律（rhyme），而不是团队的动机（reason）。而目前，国内学者对团队的研究以一般性介绍和评述的居多，从理论和实践角度进行深入研究的并不多见。

　　虽然很多国内外的研究文献表明，关于团队的研究大部分是面向企业的创新型团队，但是，一方面，由于 20 世纪"大科学"的发展，科学活动已成为人类社会生活中最为重要的内容之一，许多非企业行为的科学研究活动直接面向人类的经济生活和社会生活，常常具有研究团队（research team）的组织形式；另一方面，交叉科学的发展使得许多科学研究活动具有跨学科的特点，不同学科的科学家组成团队在同一研究纲领下工作。现代科学的研究图景显示出更加复杂的社会关系，研究团队便是其中最重要的体制之一。

　　本文以研究团队为例，以 20 世纪科学发展中的重大突破为研究背景，运用比较研究、统计分析和案例分析等研究方法，从科学史和科学社会学等角度就研究集体的形成、功能、制度环境，以及它与重大科学突破、跨学科研究活动和科学学派之间的关系等进行深入、系统的分析，试图找出研究团队的形成机制、研究团队如何应用多学科研究来提高科学劳动效率及改进科研管理、研究团队与其他科学集体有何特殊关联，得出团队研究工作的一般规律性，以便为我国在探求科研组织的最佳形式和制度环境时有所借鉴和启示。

　　本书共分六章：

　　第一章重点阐述研究团队形成的历史背景和形成条件，分析研究团队的具体特征和类型，从而揭示研究团队在科学史上的作用和功能。

第二章对具体案例进行分析，阐述重大科学突破的产生及其对科学发展的影响，试图找出研究团队与重大科学突破的实质关系。

第三章分析 20 世纪重大科学突破中的学科交叉现象，从而揭示研究团队与学科交叉活动的内在联系，并勾画出研究团队在跨学科研究中的地位。

第四章对研究团队和科学学派进行比较研究，找出科学学派对研究团队建设有益的一些经验。

第五章对研究团队建设的制度环境进行考察，并尝试在科学政策层面进行深入的理论探索。

第六章以国家重点实验室为例，对具体案例进行分析。

目　录

第一章 研究团队的形成、作用和功能

1.1 研究团队的形成

1.1.1 研究团队形成的历史背景

研究团队作为不同理论和学说相互竞争的一种社会表达方式，常常以科学群体或科学家集团的姿态，独树一帜地出现在科学界，提出、捍卫和发展新理论、新观点和新方法，从而创立全新的科学研究范式。科学发展的历史表明，研究团队的形成主要受两方面力量的推动。

一方面，从科学外部条件看，19世纪和20世纪之交开始的科学革命引起了知识结构的重大变化，为研究工作的新的组织形式的出现创立了前提。科学微分化的过程加深了，与此同时，各个领域积分化的过程，以及相互结合、相互渗透的趋势加强了。科学由以个体为基础的活动变成以集体为基础的活动。研究者所面临的问题本身，在大多数情况下都带有综合的性质，并且为了解决这些问题而要求根据内部高度劳动分工来加强科学家大集体。也就是说，科学知识生产方式发生了深刻的变革，这种变革不但使科学知识生产的效率空前提高，而且使科学知识生产专业化、职业化并进而体制化。这就为科学研究的中心化和科学家的集团化提供了基础。科学家所从事的科学研究也不再单纯为了兴趣或智力上的满足，而是被纳入社会生产交换系统中的一种社会分工，是一部分社会成员的生存方式，是一种社会劳动形式。

现代科学发展的初期，科学活动还是以个体为基础的活动。19世纪，科学劳动的个体性质已经不再适应科学的需要，当时科学按倍增指数周期地（普赖斯认为周期为10~15年）发展着。"15—18世纪出现的科学协会和科学院组织，并不适合集体研究的需要，而是较为适合个体研究的需要"❶。尽管如此，19世纪中期，在科学劳动集体化方面开始有了某些进展，出现了从学术机关一般机构中分出研究部门的趋势。这一过程在自然科学和精密科学领域进行得特别迅速。通常，实验室逐渐变为或多或少研究狭窄的科学分支的基层组织，例如，牛津的克拉连顿实验室和剑桥的卡文迪什实验室。19世纪后半纪期间，这类实验室在德国、俄国、斯堪的纳维亚❷的大学和法国的高等专科院校出现了。❸ 19—20世纪初，英国、法国、德国、美国、日本和其他国家开始出现了新型的科学机构——专业化研究实验室和研究所。这与当时科学提出的任务是极相适应的。如果18世纪是科学院世纪，19世纪是高等学校世纪，那么20世纪则开始成为研究所世纪。科学组织集体形式的发展、使它成为有形的状态，以及纯理论研究与应用研究的科学研究所和实验室的出现，标志着近代科学向现代科学过渡，同时也标志着科学研究传统和主体的转换。

另一方面，从科学自身内在发展逻辑来看，传统的科学理论面临着危机，迫切需要创造新的理论学说来适应现代科学的发展。

19世纪后半叶至20世纪初，科学全方位的面临着新的挑战。在物理学领域，传统的牛顿经典力学理论难以解释层出不穷的新的物理学现象，物理学危机四伏。在数学领域，随着非欧几何学的创立和罗素数学悖论的发现，先后出现了三次数学危机，使传统的数学观念受到巨大冲击，迫使数学家从根本上改变对数学性质、数学与物质世界关系的理解。在生物学领域，传统遗传学的那种只注重类比、推理、思辨和描述的研究范式，无力把遗传生物学推向一个新的认识高度，无法扭转当时遗传学停滞不前的局面。❹科学迫切需要进行一场革命。科学家开始意识到，科学的进步并不仅仅是一种简单的知识积累，而是一个新旧科学范式交替的过程。这种科学观念，研究范式的转换和变革往往不

---

❶ 海童. 科学学派概念的历史发展[J]. 陈益升译. 科学学译丛, 1983(3):32.
❷ 位于今斯堪的纳维亚半岛一带，主要包括挪威、瑞典、丹麦和芬兰等国家。
❸ 海童. 科学学派概念的历史发展[J]. 陈益升译. 科学学译丛, 1983(3):32-33.
❹ 鲍健强. 现代科学学派形成的机制和特点[J]. 科学技术与辩证法, 1989(6):58-59.

能由一个或几个杰出的科学家个体所实现，因为科学的传统是强大的。此时的科学革命迫切需要一些具有强大的科学家集团阵容的研究团队来加以推动。

1.1.2　研究团队形成的条件

1.1.2.1 研究团队的成员构成

在研究团队的形成期，如何选择其成员组合是很关键的一个环节。一般来说，负责人在选择团队成员时，应该遵循以下几个原则：

一是坚持目标相容原则，即需要把团队目标和个体动机有机地协调起来。不强调科学家的个体动机，科学家就会变得被动，失去创造的热情；过分强调个人的动机和目标，又可能影响形成有效的团队创造力。因此，在研究团队的形成过程中，负责人首先应考虑科学家的需要，把那些对团队研究方向和研究课题感兴趣的人召集在一起。

二是坚持成员互补原则，即组成研究团队的成员在年龄、知识结构、能力和个性等方面能够相互补充，而不能把某一类型的科学家过度集中起来，造成彼此间不必要的摩擦和冲突。

三是坚持群体规范原则，即所选择的团队成员要认可这个团队的行为规范和学术作风，这些行为规范包括激励原则和奖惩制度等具体内容。

四是坚持无歧视原则，即所选择的不同年龄、性别、民族、宗教、家庭，以及受教育程度的科学家之间应彼此接受和承认，相互尊重。研究团队绝对多数不是金字塔式的组织，其组织管理模式应该是扁平式的、非线性的。因此，在团队中权威科学家与普通科学家的地位是平等的。科学家不应该把个人的意见或看法作为衡量一切的标准，权威科学家能够与其他研究人员友好相处，普通的科学家也应该向权威科学家提出质疑。

在研究团队的形成过程中，以德尔布吕克（M. Delbruck）、卢里亚（S. Luria）和赫尔希（D. Hershey）为核心的噬菌体研究小组就特别重视其成员的个人兴趣、专业背景、年龄结构和性格特征。

德尔布吕克早期的兴趣是天文学，当意识到德国天文学在 20 世纪 20 年代已经衰败后，便转向量子力学。1930 年，24 岁的德尔布吕克获哥廷根大学理论物理学哲学博士学位。1931 年夏天，他来到哥本哈根，在玻尔的指导下学习。德尔布吕克在玻尔的影响下逐渐对生物学产生了浓厚的兴趣。他认为物理学的互补原理可能与生物学有类似性，沿着这条道路研究会有新的收获。特别是 1938 年 8 月，玻尔在一次国际会议上提出了生命过程是物理和化学过程的互补的观点，直接导致德尔布吕克的兴趣由物理学转向生物学。

出生于意大利的卢里亚也在 24 岁那年获得医学博士学位。由于受居里夫人精神的感召，卢里亚曾到罗马专攻物理学和放射学。1941 年，在美国费城召开的物理学会的一次会议上，德尔布吕克遇到了卢里亚。两人在噬菌体这个话题上产生了共同的兴趣，于是，他们来到了位于纽约的内外科医学院卢里亚的实验室，进行了两天的实验。这次相遇奠定了他们后来十几年合作的基础。1941 年夏天，德尔布吕克计划参加在冷泉港举行的年度学术会议，邀请卢里亚前往，以便在会后的时间继续实验。卢里亚接受了邀请。这样，噬菌体小组就正式诞生了。

赫尔希出生于美国，26 岁时获化学专业博士学位。经美国最早从事噬菌体研究的前辈隆封布莱纳的介绍，赫尔希便从研究免疫学转而注意噬菌体的研究。几年后，德尔布吕克和卢里亚的噬菌体研究工作取得了一定的进展，这引起了赫尔希的极大兴趣，于是赫尔希开始与他们交换研究资料。1943 年，德尔布吕克邀请当时在华盛顿大学研究噬菌体的赫尔希到范德比尔大学共同做一些实验，这样噬菌体研究小组的三个核心人物才真正走到了一起。

由此可见，德尔布吕克、卢里亚和赫尔希这三个核心人物在噬菌体研究小组中地位是平等的，并无贵贱之分。相同的研究兴趣、相互间的熟悉和了解，以及互补的知识结构等使他们在噬菌体小组的研究工作中取得了一系列的研究成果，如噬菌体中基因重新组合的发现、对噬菌体生长时自发变异过程的分析和 DNA 双螺旋结构模型的提出等。

1.1.2.2 研究团队学术带头人的选择

在研究团队中，学术带头人是十分重要的关键角色。团队成员是否能有高昂的工作士气，团队活动是否能够有序联接、紧密高效，这都取决于学术带头人所做的工作。此外，学术带头人还肩负团队与外界的联络、获取外部的支持等方面的职责。为了取得持续的成功，团队学术带头人不得不在本地区和全国性的机构里取得充分的权力，以保证团队能够得到足够的财政支持和制度化的赞助。因此，学术带头人一般应具有深厚的业务基础，学术水平在国内同行中具有较大或很大的优势，对相关科学领域有广博的知识，具有把握学术方向的能力或对国家发展的需求具有战略眼光，能凝炼出重大课题并围绕其开展研究工作，进而取得重大创新研究成果，并且对疑难问题的解决具有常人难及的能力与全新的思维模式。另外，在管理方面，他应具有坚强的领导能力，良好的人际交往、沟通技巧和能力。

在卡文迪什实验室，历任卡文迪什教授的选择已成为该室如何发展和发展方向抉择的关键环节。因此，该室对卡文迪什教授的选择向来都坚持高标准、严要求的原则。虽然卡文迪什实验室对卡文迪什教授的选择标准和条件从初创至今并没有明文的规定，但却一直存在着很多不成文的选择约定。归纳起来，该室对卡文迪什教授的选择主要有以下一些独到的标准和条件❶：

（1）在物理学上，特别在当选后的时期内该室研究的主要方向上成就显著，具有原创性的才能，并且在英国的物理发展中属于第一流的代表人物；

（2）能够领导卡文迪什实验室沿着常出重要成果的道路良好运转，并是一个能做出开拓新研究领域的科学家；

（3）在剑桥大学的学术活动和决策上，能激起对该室的关心和兴趣并产生重要影响的；

（4）在国内外有崇高的威望，能起该室有资格的发言人作用；

（5）他应当是理论物理或实验物理上最拔尖的物理学家，就任卡文迪什教授后能够构思和指导科研和教学，甚至具体参与实验研究；

（6）他必须在构思新思路和开拓新科研领域上，不但卓有建树，而且能够从这个观点出发带领全体人员不断地做出成绩，培植和支持新思路的出现和发展，开拓新的研究领域，以便打开多产的和富有成果的新局面；

（7）选择对象必须是剑桥物理出身；

---

❶　阎康年. 卡文迪什实验室：现代科学革命的圣地［M］. 保定：河北大学出版社，1999：458-460.

（8）管理、组织和培养人才的能力，以及是否在出任前形成独特的和富有成就的科研中心，也在考虑之列。

事实上，根据这些标准和条件选择出来的历任卡文迪什教授，几乎都是贡献卓越和享誉世界的物理学家。他们的物理水平、学术风格、个人品德和威望已成为一种象征，在各国科学界特别是在青年物理学家中，有着强烈的吸引力；他们的学术专长成为该室在他们各自任期内的主要研究方向；他们的管理和沟通能力使该室成为一个"人才的苗圃"。在历任卡文迪什教授的领导下，该室取得了蜚声世界科学界的研究成果。在近现代科学史上，它是原子物理、核物理、分子生物学和射电天文学的诞生地，是电子、中子、正电子、核势垒、氢和氦的同位素和人工元素转变发现者的摇篮，还是加速器、云室和质谱仪的发明地。

1.1.2.3 研究团队的经费支持

研究团队的建立有赖于必要的资金来源，包括仪器设备、资金和活动基地等，这是保证团队的研究活动能够持续进行的经济基础。随着科学活动规模的不断扩大、科学研究复杂性的增加和仪器设备精密度要求的提高，要求个人或科学共同体提供研究费用已不可能。研究活动必需得到财政支持，只有这样研究团队才能自如地进行科学创造活动，参与科学交流，从而获得持续而稳定地发展。同时，团队的资金来源需要有多种渠道，如政府的科研经费拨款、国际科学基金和企业对科研的赞助等。只有这样，才能保证团队研究的学术自由。

玻尔（N. Bohr）之所以能把哥本哈根大学理论物理研究所建成一个很有影响的国际物理学中心，财政上所得到的支持是一个非常重要的因素。他的资金来源有多种渠道，主要有：

（1）政府资金拨款。1918 年 11 月，丹麦教育部颁布文件正式同意开始兴建"大学理论物理研究所"❶。1919 年年初，教育部拨款 8500 克朗用于研究所建筑物的加固。1922 年 2 月，政府拨下一笔 5 万克朗的款项，用于研究所购买实验设备。最终，国家提供的设备费达 175000 克朗，约相当于原来估算的

---

❶ 这里的"理论物理"指的是与"应用物理学"相区别的"纯粹物理学"。

三倍。同时，在购买建筑地皮方面，市政当局多次给予优待。

（2）私人捐款。研究所开始兴建后，玻尔收到了一笔 10000 克朗的无名捐款，玻尔用这笔钱购置用于光谱学的许多光学仪器。有一位银行家为研究所提供了一些英镑和其它外币，以用作购买那些以第一次世界大战前汇率作价的设备，从而弥补了因克朗贬值而引起的价格上涨。此外，一位实业家也募集了一大笔私人捐款。

（3）基金资助。玻尔研究所收到的最大一笔捐款，来自卡尔斯堡基金会。1919 年 10 月，玻尔向该基金会申请 28000 克朗的资助，以购买光栅谱仪。1926 年，玻尔研究所又争取到了卡尔斯堡基金会和与美国洛克菲勒家族有密切关系的国际教育社的大量资助，以支付研究所扩建和仪器设备的增添所需的费用。

值得注意的是，当玻尔研究所急需扩建时，资金短缺已成为制约其发展的一个重要瓶颈。当时，丹麦政府很不愿意为一个刚建才几年的大学研究所提供资金，尤其是这个研究所在初建所时，曾经对当时政府所批准的预算金额超支了两倍多。在这种情况下，玻尔研究所通过非正常渠道寻求国际教育署（IEB）的资金资助。1923 年 11 月 21 日，国际教育署宣布资助 4 万美元作为理论物理研究所的扩建费用。

在社会各方面的大力支持下，日后被尊为"物理学界的麦加"的哥本哈根理论物理研究所不仅建成，而且获得扩建。从此以后，玻尔研究所的研究工作才真正"在大道上"前进。

1.1.2.4 有效的共同研究纲领

研究团队的形成还需要有一个经过努力可以实现的明确而统一的共同研究纲领，包括研究课题、研究方法、主导理论和分析策略等。研究纲领的有效性是研究团队的生命力所在。丧失了研究纲领，研究团队就丧失了自己的传统和存在的根据。因此，研究团队不可故步自封、抱残守缺，其研究纲领必须保持开放性，善于吸收有利于自身发展的理论养分。

一方面，研究团队应遵循科学发展的内在规律，密切注视科学发展的动态，不断给自己的研究纲领注入新鲜血液，以保持研究纲领的青春活力，从而不致被科学发展的洪流所淹没。另一方面，研究团队还应根据社会的需要，不失时机地调整自己的研究纲领，投身于实践应用，并在其中丰富和发展自己的研究纲领。

卡文迪什实验室之所以能够成功，其重要原因是，它一直以一句引自圣经的名言为该室的研究宗旨，即"主的作为是博大精深的，发掘你所感兴趣的东西吧"。对于卡文迪什实验室的科学家来说，这个宗旨意味着他们的研究是极具开放性的，自然界和任何东西在该室都是可以研究的。研究对象的博大和多样性，决定了卡文迪什实验室历史上的研究方向和研究领域因时代的发展需要和研究人员的兴趣可以不断转变，并且在一定时期内，又能够容纳和支持各种新的思路和发现的萌芽，使其能够开花、结果，继而从中找出下一步的研究课题和主要研究方向。❶ 在卡文迪什实验室的发展史上，它的研究方向一共经历了五次重大的转变，即电标准测量——辐射的研究——核物理研究（原子核的人工嬗变和元素转变）——多研究方向——固体物理研究——凝聚态物理。研究方向的重大转变，使卡文迪什实验室的研究人员必须具有新颖的科学想法，并不断开拓新的研究领域。正如原卡文迪什教授派帕德（A. B. Pippard）所说，"成功播种着成功，人们无须怀疑，这个实验室像任何实验室一样，以很好地揭开新的领域和寻找通过旧问题迷宫的途径放在重要地位的"。

1.2　研究团队的特征

研究团队是科学家集体的一种活动，这种活动既是个体的又是集体的创造性的脑力劳动，在科学发展中具有重大发现和发明的作用，地位十分重要。这是由于研究团队具有以下一些特征所赋予的：

1.2.1　处于科技创新的前沿

科学研究的本质就是不断推陈出新。因此，研究团队必须关注前沿领域的

---

❶ 阎康年. 卡文迪什实验室：现代科学革命的圣地［M］. 保定：河北大学出版社，1999：27.

发展动态，寻找具有发展前途的和能够作出一系列重大突破的新研究、大方向。有了这种敏感性，有了创新的意志和学术气氛，研究团队将可能发展成为一流的科研集体。这样，研究团队才能吸引大量的科研资源，不断做出世界一流水平的工作，从而形成科学研究中的正反馈效应。

卡文迪什实验室的第五任主任布拉格（W. L. Bragg）是研究固体物理的，由于专业的性质，他与工业界联系密切，产生了在两者交叉点上选题的想法。这样，一方面易于得到资助和基金，另一方面其创新成果对企业的新技术开发能发挥很大作用。因此，他从实验室和英国的国情出发，并按照科技发展的新动向，果断地决定将实验室原有的科研积累加以发展，开辟新的研究领域。一是利用 X 射线进行矿物晶体结构的分析技术转而进行生物大分子的结构分析，并开展生命科学的研究，力图从分子的角度了解生物的遗传和生命现象的本质。二是利用第二次世界大战中发展起来的雷达技术进行天文研究。由于随时关注科学研究的前沿领域的动态发展，第二次世界大战后卡文迪什实验室取得了令人瞩目的成就。在天文上发现了类星体和脉冲星，赖尔（M. Ryle）和休伊什（A. Hewish）因而获得了 1974 年诺贝尔物理奖。在分子生物上发现了DNA 的双螺旋结构，克里克（F. Crick）和沃森（J. D. Watson）获得了 1962年诺贝尔生物和医学奖。此外，在卡文迪什实验室分子生物课题组工作过的科学家中还有好几位获得诺贝尔奖。

1.2.2 以大学、研究所和实验室等为基地

大学、研究所和实验室包括工业实验室是研究团队走向世界的起点，是研究团队运行的重要基地。大学、研究所和实验室不仅是研究中心、教育中心，而且具有一定的独立性，在人力、物力和财力等方面有一定的保证，团队成员在这里能专心致志从事研究。因此，几乎所有成功的研究团队都有自己的研究基地。

费米（E. Fermi）的罗马小组就是以罗马大学物理研究所为活动基地的。1926 年，费米关于新的统计法的论文《理想单原子气体的量子化》（On the Quantization of the Perfect Monatomic Gas）发表后不久，"财政大臣"柯比诺

（Orso Mario Corbino）说服教育部设立了理论物理学新讲座。❶ 在拟订候选人名单时，柯比诺把费米放在首位，同时在安排评审委员会的人选时，确保了委员会中没有人对现代物理学怀有敌意或持有异议。最终，费米获得了竞选会的第一名，顺利成为罗马大学理论物理学教授。❷ 1926 年 10 月，年轻有为的费米正式担任罗马大学物理研究所理论物理学教授。这样，罗马小组也就开始有了自己的研究基地。利用罗马大学物理研究所这个研究基地，日后罗马小组取得了一系列的研究成果。其中最辉煌的成果就是，1935 年他们发现了慢中子，并利用它引起核反应。慢中子的发现，使得人工放射性物质的生产提高了百倍，使人工放射性物质代替天然放射性物质成为可能；更为重要的是，它为核能的释放和利用提供了一个必要的手段。

肖克莱（William Shockley）的半导体物理小组则栖身于贝尔实验室。1945 年 7 月，"第二次世界大战"接近结束时，贝尔实验室总裁巴克莱（Buckley）为了适应该室从战时转向和平时期的工作需要，决定从组织上进行彻底的改组，由凯利（J. Kelly）负责重组固体物理组。因人数不多，由摩尔根（S. Morgan）和肖克莱共同负责，并在肖克莱负责下成立半导体物理小组。有了贝尔实验室这个活动基地，1947 年 12 月肖克莱的半导体物理小组终于发明了晶体管。晶体管的发明促成了电子学领域的一场革命。在这场革命中，晶体管不仅取代了收音机、电视、助听器等消费电子产品中的电子管，而且在诸如计算机、通信设备、医用电子仪器和工业控制装置等领域，开拓了新的应用方面，而在这些方面，电子管是无能为力的。

1. 2. 3 以学术会议为纽带

学术会议的一个重要特点就是，持不同观点的各国科学家聚集在一起，为推进科学的发展、促进科学的交流而相互切磋、共同探讨。在学术会议上，科学家不仅可以充分报告自己的最新成果，及时捕捉科学前沿的信息，而且可以

---

❶ 理论物理学教授讲席是意大利第一个区别于"数学物理"的讲席，它的设立及费米最后赢得这个席位，对费米能够成为罗马小组的领导人具有极其重要的意义。

❷ 理论物理学教授是一个永久性的职位，大多数人在 50 岁以后才有可能获得这种职位，而费米担任这个职位时才 25 岁。

广交更多学术界的朋友。因此，学术会议对于一个成熟的研究团队的发展是至关重要的。而置身于学术讨论中，研究团队可以通过举办学术会议和出去参加国际会议等多种方式来进行。举办学术会议，有利于发展和壮大研究团队的队伍，增强和扩散研究团队的声望。走出去参加国际会议，有利于加强团队研究人员与其他科学界同行的交流与合作，有利于促进科学自身的发展。

波兰数学学派自创建起，就有意识地在全国各地举办了许多国际国内的学术会议。早在第一次世界大战期间，约有十几位数学家每周聚会讨论学术问题，他们报告各自的研究成果或大家特别关心的外国学者的文章。随着 1923 年波兰数学会的成立，波兰数学学派的学术活动亦十分频繁：几乎所有成员的科研成果都要在每周举行的学术会议上报告，这就形成了一个真正有利于数学发展的温床。据统计，1919—1939 年，它共产生了 1143 份学术报告。1927 年 9 月，波兰数学学派召开了第一届波兰数学大会。这次大会开得很成功，国内有 200 人参加，还有许多外国来宾（包括 Von Neumann），共作了 100 个报告。这次大会还决定下届会议于 1931 年在 Wilno 举行。此外，还应提到 1929 年在波兰召开的第一届斯拉夫语国际数学家大会。此次会议除了检阅波兰数学家的学术成就，还提供了一个机会，来讨论阐明数学这个学科有什么紧迫的需要。

与此同时，他们还组织人数颇多的代表团出去参加和出席各种国际大会。出席 1934 年莫斯科微分几何会议的波兰数学家有 A. Hoborski 教授和两名讲师 S. Golab、Aleksander Wundheiler，后者是几何对象论的奠基人之一（后来到 Chicago 任教授）。首届国际拓扑会议于 1935 年 9 月 4 日至 10 日在莫斯科举行，世界各国的数学家济济一堂。波兰代表团由以 W. Sierpinski 和 S. Mazurkiewicz 为首的杰出波兰拓扑学家组成，包括 K. Borsuk、W. Hurewicz 和 J. Schauder 等人。波兰数学学派的各种学术会议，极大地促进了波兰数学在世界数学界取得它的稳固地位。波兰数学学派的人数在急剧增加。国外学者的来稿也在年复一年地稳步增加，极大地促进了国际合作。❶

---

❶ K. 库拉托夫斯基. 波兰数学五十年[J]. 数学译林,1982(2).

1.2.4　以讨论班、报告会和自由交谈等为有效的活动方式

研究团队要获得学术界的认可，其研究成果应首先在科学共同体内部，通过讨论班、报告会和自由交谈等形式，毫无保留地提出来，并获得科学共同体的承认。只有那些经受了充分讨论和苛刻检讨的理论和思想，才能最后作为研究成果与科学界同行交流。通过讨论班、报告会和自由交谈等形式，团队成员的各种标新立异的思想不仅得到精神支持，而且得到了补充和完善。这样，团队的科学精神也因而在科学共同体内部得到极大地传播。

讨论班一般是定期举行，一定时期针对某个专业方向进行集中讨论，为团队成员提供比较正式的场合互相切磋，以保证研究团队活跃在科学的最前沿。在定期举行的学术报告会上，团队成员报告自己最近的工作，加强彼此的了解，及时了解并掌握科学发展的新方向。而不拘话题、时间和地点的自由交谈则是研究团队的特色活动形式之一。

作为"物理学界的麦加"，玻尔研究所就善于通过灵活多样的科学活动形式来活跃和激发研究人员的创新观念。

玻尔研究所集体研究方法的形式之一，是在大教室举行的讨论会。这种讨论会大约每周一次，大多数物理学家和研究生都参加，在会上评述一篇最近的文章，或者听一个人介绍他最近的工作。讨论会没有时间限制，如果需要长时间才能对所讨论的课题有满意的认识，讨论会往往可以持续几小时。这些集会的特征是，它总是充满自由的气氛，人们可以自由地，而且往往是自发地向演讲人提问，请他说明一个观点，或者提出一个反对的观点。一些从大学来的，曾经参加过远为正式的讨论班的访问学者，往往对此感到诧异。甚至在最紧张和严肃的时刻，座间突然冒出一个幽默的评论，于是爆发出一阵笑声，使每个人都感到轻松。这种幽默并非对演讲人不够尊重，它恰好说明所有这些物理学家都卷入了这个讨论的课题。

研究所的这些讨论会，定期地为物理学家交换思想和学习一些最近的进展提供了机会。当时，物理学进展神速，一个孤独的物理学家只靠阅读期刊是很难跟上近期工作的。1929 年 4 月，考虑到物理学家需要经常互相接触，并能

接近活动中心，玻尔研究所召开了一次小型会议。这次会议历时一周多，大约有 10 名丹麦科学家和 20 名访问学者参加，其中 6 人是首次访问研究所。在这一周多的时间里，每个与会者就他们当时感兴趣的领域做一个简短的报告，但并无任何事先安排好的日程，因为会议原来的宗旨是：凡是认为最有兴趣的和有关的课题，都可以讨论。这次会议在与会者中很受欢迎。

后来的几年中，玻尔研究所一直沿袭着哥本哈根年会这种科学活动的形式。哥本哈根科学精神也因此在玻尔研究所得到最大的体现。

1.2.5　研究团队的竞争性

研究团队对外更多地表现为竞争性。科学竞争的一种形式是对科学发现优先权的争夺。在科学迅猛发展的洪流中，研究团队不进则退。因为，科学社会中充满了竞争，这种竞争不在于谁最后获得了多少知识，而在于谁最先把知识贡献给这个竞争的科学共同体，即科学发现的优先权获得科学共同体的承认。因此要保持在学术上的地位，研究团队就要敢于竞争，勇于直面各种挑战。

DNA 双螺旋结构的发现是 20 世纪科学发展过程中团队竞争的典范之一。布拉格在为 J. D. 沃森的自传《双螺旋》一书的序言中谈到了一个科学家与其他科学家的竞争时所处的进退两难的境地。他写道："他（沃森）知道有个同行在某个问题上已经工作了多年，并且积累了大量难得的资料。这个研究者看到过这些资料，并有充分的理由相信，他想象中的一种研究方法，或者说仅仅一种新观点就能使问题迎刃而解。在这个时候，如果他提出同对方合作，可能会被认为是想捞一点外快。他应该单枪匹马地去干吗？很难判断一个重要的新观点究竟真的是一个人别出心裁想出来的，还是在同别人交谈中不知不觉地吸收来的。鉴于这种困难，在科学家中间逐渐形成一种不成文的规定，大家承认同行对研究的方式有申明自己要求的权利。但是，有一定限度。当竞争不止来自一个方面的时候，就不能再踌躇不前了。在解决 DNA 结构的过程中，这种进退维谷的困境显得尤为突出。"❶

当时，沃森和克里克的竞争者有好几个，其中主要的有两个研究小组：一

---

❶　沃森．双螺旋：发现 DNA 结构的故事［M］．北京：科学出版社，1984.

个是伦敦大学国王学院的罗莎琳·富兰克林（R. Franklin）和威尔金斯（M. H. F. Wilkins），另一个是美国加州理工学院化学家鲍林（L. C. Pauling）。在关于双螺旋的竞赛刚开始时，沃森和克里克的研究远远落后于他们的。富兰克林和威尔金斯根据 X 射线衍射研究，已经知道 DNA 分子是由许多亚单位的堆积层组成，这些亚单位具有规则的螺旋状几何形状，而且 DNA 分子是长链的多聚体，其直径保持恒定不变。鲍林通过对蛋白质螺旋的研究，认为大多数已知蛋白质中的多肽链会自动卷曲成螺旋状，这可能道出 DNA 分子的单螺旋结构。

在这种情况下，沃森和克里克又为什么能如此成功呢？原来，鲍林解决这个问题的方法绝对是错误的，而伦敦小组则是由于个人间的不和而分裂了，以致不能有效地工作。沃森和克里克认识到了 DNA 的生物学意义、X 射线数据的重要性及其建立模型的潜能。他们采用了鲍林的直觉研究方法来分析 DNA 分子的结构，即先根据理论上的考虑建立模型，再用 X 射线衍射来检验模型。同时，他们位于一个富于活力的消息灵通的中心，这更是个巨大的优势。从这里他们能很快地获得成熟的资料，可以参照来自伦敦、甚至是帕萨迪纳（通过鲍林）竞争者们的研究进展报告。对于这一点，富兰克林至死也不知道他的数据是如何被他们所利用的。他们共同地或分别地以批判的眼光汲取同事们或者来访者的思想，如威尔金斯和查加夫（Erwin Chargaff）。尽管他们占据明显的优势，但是他们却仍然有两年之久徘徊在错误的道路上，探索着各种各样错误的 DNA 结构。最后，当他们把查加夫碱基比的数据与碱基化学的基本知识结合起来后，他们才得以在大约三星期内建造了一个合理的、"优美的"、具有生物学价值的 DNA 模型。❶

1.2.6　开放性

科学社会尽管充满了激烈的竞争，但也存在着迷人的开放性。成功的研究团队在其形成过程中常常表现出高度的开放性。科学哲学家波普尔曾说过：

---

❶　卢阿·N. 马格纳. 沃森、克里克及其 DNA 双螺旋模型[J]. 王水平,等译. 科学史译丛,1983(3):113.

"科学是一种开放的事业，它需要不断地批评。"在研究团队内部，自由讨论、不拘一格的研究方式是开放性的一般特征。相互间的诚恳批评，正是开放性对团队成员的具体要求。开放性还体现在研究团队的国际性上。虽然团队成员间的种族和信仰等各不相同，但这并不妨碍他们构成一个整体。在科学共同体内部，即个体团队的外部，团队的开放性主要表现在一个团队已公开发表的研究成果往往为其他团队或集体所充分利用。在团队不断保持开放性的前提下，科学也不断得到发展。

在研究核的链式反应过程中，费米的哥伦比亚小组、卢瑟福（E. Rutherford）的卡文迪什实验室等多个研究团队或集体互相利用彼此的研究成果，相互竞争，体现出科学共同体内独特而令人陶醉的开放性。

早在1939年1月6日，德国科学家哈恩（Otto Hahn）宣布了其小组的关于铀核裂变的最后研究成果。这是德国科学许多年中最后一个大的成功，是黑暗之前的最后一道光芒。这个重要的发现，将与慢中子的发现一起改写未来科学的面貌。这个重要发现通过玻尔在华盛顿第五届理论物理会议上的宣布，立刻在物理学家中以口头、信件和电报等方式传开了，并引起了一阵轰动。

费米是通过年轻的物理学家兰姆才知道哈恩小组的重要发现的。他听完后大吃一惊，并为自己的错误估计而使铀核裂变的发现推迟了四年而感到遗憾。但费米不愧是位杰出的物理学家，他马上冷静下来，并开始思考铀核裂变中是否可以产生更多的中子——这是链式反应持续的条件，也是大量核能释放的条件。1939年1月26日，费米在华盛顿第五届理论物理会议上提出了自持链式反应的基本理论和假说。虽然费米的观点看起来很简单，并且独立地产生于许多物理学家的头脑中，但是它从一种抽象的影像变成具体的现实并不是那么容易做到的，尤其是在链式反应的许多技术问题还困扰人们之时。

1939年的前几个月，世界各地的物理学家们都在从事关于核裂变的实验室研究，试图寻找和发现二次中子。然而，他们中大部分人的工作都不是高度定量化的，真正能够在链式反应研究上取得突破的，主要有法国巴黎的约里奥研究小组和美国哥伦比亚的费米研究小组。

虽然在美国由于科学家的自愿保密行动，有关核链式反应的研究进展和实际的研究结果都处于不公开的状态，但在法国，约里奥小组并不受保密制度的影响。1939 年 4 月 22 日，约里奥小组在《自然》杂志上发表了关于第二代中子的文章——《在铀裂变中释放出来的中子数量》，从而引起来了许多人的注意。他们在文章中写道："在我们上一次的信中已经提到过，使我们感兴趣的是这里所讨论的现象可能成为产生核的链式反应的一种手段。"❶

不幸的是，法国人的这份报告在德国同时引起两项主动的行动。在哥廷根大学一位物理学家的提醒下，德国于 1939 年 4 月 29 日在柏林召开了一个秘密会议。会议的结果是，德国制订了一个研究计划，并决定对铀出口下禁令。在同一星期里，有一个在汉堡工作的青年物理学家及其助手联名写信给德国陆军部，提出制造原子弹爆炸物的可能性。随后，德国陆军部召集本国科学家讨论制造原子弹的可行性，并制定了进一步的实验计划。

德国人的行动，使其他国家开始警觉起来。在美国，费米小组开始加速了他们的研究工作。1942 年 12 月 2 日，这是一个特别的日子。就在这一天，费米小组的受控自持链式核反应实验终于取得了最后的成功。毫无疑问，费米小组的成功与其他研究小组所表现出来的开放性是分不开的。这次实验的成功使人类实现了第一次自持链式核反应，从而开始了受控的核能释放。

1.2.7 学科交叉性

现代科学的许多问题，都涉及众多的学科领域。因此，团队研究实质上是一种科学的合作研究。维纳（N. Wiener）❷ 认为："如果一个生物学问题的困难实质是数学的困难，那么，十个不懂数学的生物学家的研究成绩将和一个不懂数学的生物学家的成绩完全一样。"但他又说，"如果一个不懂数学的生理学家和一个不懂生理学的数学家合作，那么，这个人也不会用那个人所能接受的术语来表达自己的问题，那个人也不能用这个人所懂的任何形式来作出自己

---

❶ 莫少群. 两度辉煌——费米学派［M］. 武汉：武汉出版社，2002：160.

❷ 维纳（N. Wiener，1894-1964），美国人，控制论之父。

的回答。"❶ 由此可见，除了不同类型的科学家之间的合作以外，科学家们多学科的知识结构背景也是科学发展不可缺少的因素之一。因此，在科学合作研究的过程中，研究团队的学科交叉性主要表现在两个方面：一是团队成员应具备多个学科的知识；二是研究团队所选择的研究课题中有些本身就需要多学科的研究方法才能解决。

在研究双螺旋结构的过程中，卡文迪什实验室的克里克和沃森小组就表现出强烈的学科交叉性。克里克在物理学方面接受过训练，十分了解 X 射线结晶学，虽然他不懂遗传学，但因受薛定谔（E. Schrodinger）《生命是什么》一书的启发而对基因的结构和生物学功能发生兴趣；沃森曾师从噬菌体遗传学家德尔布吕克和卢里亚，是一位在遗传学方面很有造诣的年轻生物学家。此外，他们都对化学有所了解。他们两者的结合填补彼此的学科欠缺，使他们的物理、化学和生物学知识充实起来。他们决定彼此合作研究 DNA 大分子结构。而 DNA 大分子结构本身就是一个具有交叉学科性质的研究课题，它涉及化学、物理和生物学等领域的知识。正是因为研究团队的这种学科交叉性，1953 年，沃森和克里克提出了著名的 DNA 双螺旋结构模型。

1.3　研究团队的类型

研究团队是以科学技术研究与开发为内容，由为数不多的知识结构互补、愿意为共同的研究目标和研究方法而相互承担责任的科学家组成的群体。根据科研组织的管理、运作模式，研究团队可以分为两种类型：梯队型研究团队和非梯队型研究团队。这两种类型的团队既可以是跨学科的研究集体，也可以是学派型的科研组织。

梯队型研究团队的组织管理模式一般是阶层性的、线性的，它更有利于同一专业科学家之间的交流和学科建设，有利于积累专业资料、培养专业人才，科学家的配备和实验手段的购置不易重复，设备利用率较高。

巴丁的研究小组就是一个典型的梯队型研究团队。当时，巴丁（J. Bardeen）

---

❶　李心灿,等. 数坛英豪[M]. 北京:科学普及出版社,1989:306.

虽年过半百，并由于发明晶体管而获得 1956 年诺贝尔物理学奖，具有丰富的研究经验，但他并不因为在科学技术上取得辉煌成就而止步不前，更不因为超导这个难题已使不少著名科学家碰壁而感到信心不足。库珀（Leon North Cooper）未满 30 岁，思想敏锐，具有高超的数学技巧，掌握了纯熟的数学物理方法。他首先抓住了建立超导理论的难题之一，即所谓能隙问题。他从量子力学的普遍原理出发，正确分析了在晶格中运动的两个电子，由于晶格的存在能使这两个电子易于靠近，并在电子间产生间接的吸引作用的道理，他指出当电子与晶格的相互作用足够强时，电子间的间接吸引力有可能超过电子间的库仑斥力，由于这个缘故，电子间就会出现吸引作用。库珀又进一步证明，在这种吸引力作用下，两个电子能够组成电子的"库珀对"。"库珀对"具有共同的动量，因而有效的电阻等于零。而施赖弗（John Robert Schrieffer）刚刚 20 岁，是巴丁的研究生，思维活跃，有很强的创新意识。他考虑了一种统计方法来对待电子的"库珀对"，正确地描述了超导体的状态，写下了超导体能量最低状态的波函数，得到了绝对零度时的正确答案。巴丁以长者的身份正确地估量了库珀和施赖弗等人的潜力。在他的领导下，三人协同奋战，最终于 1957 年提出了超导微观理论，亦即 BCS 理论。为此，他们三人分享了 1972 年诺贝尔物理学奖奖金。

而非梯队型研究团队刚好与梯队型研究团队相反。当针对综合性的科学领域或长期的跨学科的研究任务时，非梯队型研究团队更能发挥它的优势。它能够把各学科的科学家组织起来进行合作研究，从而促进不同学科之间的交流、渗透、移植，形成新的观点、方法，开拓新的研究领域。

曼彻斯特大学的卢瑟福实验室就是一个值得借鉴的非梯队型团队。卢瑟福研究班子的成员，学科背景各异，才能互补。卢瑟福是很有才华的物理学家。早在 1895 年，卢瑟福就在剑桥大学卡文迪什实验室跟随汤姆逊（Joseph John Thomson），学习英国最著名的致力于物理研究的实验室的设备和方法。从剑桥大学毕业后，1898—1907 年，他前往加拿大担任麦吉尔大学物理教授。1907 年，他接受曼彻斯特大学物理系教授舒斯特的邀请，担任该大学实验物理教授，并兼任物理实验室主任。达尔文（C. G. Darwin）作为数学家与卢瑟福共事，玻特伍德（Bertram Borden Boltwood）以化学家身份与卢瑟福搭档一年，盖革（Hans Wilhelm Geiger）很有实验才能，凯（William Kay）擅长于实验室管理并兼任实验员。这正如人们所评述的那样，卢瑟福的成功之处就在于他"善于把各种人才结合成一个科学研究集体"。由于充分应用了跨学科的研究方法，卢瑟福实验室最终以原子的发现、原子有核模型的提出和人工打破原子核三大成就闻名于世界科学界。

1.4 研究团队在科学史和现代科学中的创新功能

研究团队在科学史上和现代科学中的作用在于，一方面总结研究团队发挥功能的积极因素，另一方面通过新的内涵来进一步发展研究团队。具体说来，研究团队主要有以下几方面的功能特征：

（1）研究团队是培养、造就杰出科学人才的熔炉。

研究团队自身的特点，决定了它始终处于科学的前沿，从而使它能够选择出一些意义重大的研究课题。在研究团队里，团队成员一方面在内部环境的熏陶下发展成为高水平的科学家，另一方面在工作中通过他们的显赫成就锤炼成为世界一流的科学人才。

在卡文迪什实验室成长为杰出物理学家、诺贝尔奖获得者的布莱克特（Patrick Maynard Stuart Blackett）勋爵认为，卡文迪什实验室成功的奥秘是"实验室必须按才智正常的学生进行策划，一个好的实验室应该是平凡的人能够取得伟大成就的地方"。因此，历任卡文迪什教授都把培养科学人才和取得开拓性的成果看作自己最大的责任。

被誉为培养人才巨匠的卢瑟福，来自小国新西兰，能够不分民族、地区和信仰选择人才，特别对来自殖民地和半殖民地学生和学者格外关心。在他的学生和助手中，有来自美、欧各国和一些小国、殖民地及很多落后国家的人，既有来自英国的敌对国苏联和德国的青年，还有来自东方中国和日本的学生。这些学生和助手在经过他几年的培养之后，几乎都成长为世界级的科学人才或在他们各自国家中起着原子物理和核物理播种机的作用。他先后直接培养出的诺贝尔奖获得者就达11人之多，其中还不包括他间接培养过的3位诺贝尔奖获得者在内。他的著名弟子就有被誉为现代伟大理论物理学家的玻尔，甚至还包括相对性量子力学的创始人狄拉克。苏联著名的低温物理学家卡皮查，德国的铀核裂变发现者哈恩，英国的同位素提出者索迪（Frederick Soddy）、中子发现者查德威克（James Chadwick）、正电子发现者之一布莱克特、电离层发现者阿普尔顿（Edward Victor Appleton）、加速器发明者考克饶夫（John Douglas Cockcroft）等，还有我国高能物理的主要奠基人张文裕等4人，他们也是卢瑟福的学生或助手。著名的原子能反应堆发明者费米说，卢瑟福在科学史上将被怀念，不仅因为他的贡献，"而且还因为他作为教师这个字眼的最高意义上的一个教师"。

（2）研究团队是科学发展的重要力量。

研究团队是由科学家集团组成的智力系统。团队成员相互配合，相互支持，充分发挥各自的才能和长处，产生智力上的协同，从而使研究团队在整体上表现出个体所不具备的集团效应。同时，研究团队的科学成就多属重大贡献，常常是奠基性、里程碑式和开拓性的工作。因此，研究团队对科学的发展有着极大的推动作用。

在物理学史上，费米学派之所以有着辉煌的成功，不仅仅是因为它为科学界培养了6位诺贝尔奖获得者，更为重要的还在于它的许多科学成就丰富了物理学的内容，推动了科学的发展。在实验物理方面，他们发现了慢中子重核人工蜕变；费米也于1938年"因用中子辐射原子核产生放射性同位素，以及相应的用慢中子引起核反应"而获得诺贝尔物理学奖；更为重要的是，就在颁奖后不到两周的时间里，德国物理化学家哈恩和他的学生斯特拉斯曼（F. Strassmann）在重复他们用中子轰击铀核的实验中发现了铀核裂变的现象；1942年，费米学派建造并主持了人类历史上第一个人控自持链式核反应堆的成功运行；此外，核反应堆建立的理论和技术基础也是他们的发现。在现代理论物理方面，著名的费米统计和衰变理论也是他们发现的。费米学派的这些科学成就，使它成为"核时代的缔造者"。

（3）研究团队是科学社会的交流中心和舆论中心。

研究团队是一个排他的富于竞争性的整体。新团队向旧范式挑战、不同团队的并存，以及他们在学术上进行激烈竞争，构成了科学发展的动力机制和进化机制。

科学进化的直接动力来自新范式的提出和对旧范式的变革。研究团队作为新范式的提出者对科学发展的有效性，来自于它的排他性和竞争力。研究团队对内表现为一种向心的、实施合作的科学家集团，对外表现为一个排他的、学术竞争的整体，群体竞争的优势使得它敢于不断开拓新领域，并有力量向学术权威挑战。通过有意识的竞争，研究团队能够为其新思想争取到一席生存空间，成为科学共同体新范式的催生剂。

同时，不同团队的并存构成了充满活力的竞争结构。对于科学家及其理论来说，这种竞争结构在客观上形成了一种生存环境。它迫使科学家主动为自己的学说和团队的生存参与竞争，千方百计地证明和修正自己的观点，以便在科学发展的"自然选择"过程中获得生存。竞争的结果，不论是一种理论和方法取代另一种理论和方法，还是不同理论和方法协调综合，都在一定程度上促进了科学认识的发展。相应地，提出不同理论和方法的团队也将在科学史上占据一席之地，并分享新的成就带来的荣耀和喜悦。

因此，研究团队有能力通过强有力的学术纽带把科学家联系起来，以其独特的团队研究精神、出色的科研成就和优秀人才群体的形成，赢得科学共同体的普遍推崇，吸引着众多科学家的注意力，影响一定时期科学发展的方向，从而成为科学社会的交流中心和舆论中心。

著名数学家克莱茵（Felix Klein）和希尔伯特（David Hilbert）领导的哥廷根数学学派以其辉煌的成就，成为名副其实的数学中心，哥廷根数学学派的研究兴趣和研究方向成为数学界研究的热点。

在20世纪的第一个十年里，希尔伯特对积分方程很感兴趣，于是，全世界出现了研究积分方程热。希尔伯特在1900年巴黎第二届国际数学家代表大会上提出的著名的23个数学问题，更是风靡世界科学界。由于希尔伯特及其学派的崇高声望，以至于一个数学家只要能解决其中的任何一个，甚至半个，就可以一举成名。这23个数学问题也几乎左右了20世纪数学发展的方向。1950年，当美国数学会邀请著名数学家魏依尔（Hermann Weyl）总结20世纪前半叶的数学历史时，他认为，只要依据希尔伯特提出的问题，指出哪些已经解决，哪些已部分解决就够了——"这是一张航图"，过去五十年间，"我们数学家经常按照这张图来衡量我们的进步"。"他对数学未来的预言，比之任何一个政治家对新世纪将滥施于人类的战争和恐怖的预测，不知要好多少倍！"❶

---

❶ 康斯坦西·瑞德. 希尔伯特[M]. 袁向东,等译. 上海:上海科学技术出版社,1982:274.

第二章　研究团队与重大科学突破的关系

2.1　重大科学突破的产生及其对科学发展的影响

重大科学突破是在未知领域内进行探索的产物，它本质上是一种革命性和创造性的科学认识活动，这就要求科学家必须具有高度的科学革命精神（包括团队合作精神）和创造性思维。因此，研究重大科学突破的产生以及它对科学发展所产生的影响，能够间接地勾勒出重大科学突破与研究团队之间特殊关系。这样，我们就能更好地从科研组织与管理的层面为重大科学突破的产生创造有利条件。

2.1.1　重大科学突破的产生

重大科学突破的产生，是通过科学家建立起揭示自然事物本质和规律性的理论实现的。重大科学突破的产生虽然受科学内部和外部环境等诸多因素的影响，但其最深刻的本质是在于主观观念和客观实在的矛盾。

重大科学突破的起点是科学问题。科学问题是一个由观察信息和理论信息构成的综合系统。它的本质内容是矛盾，首先表现为已知和未知的矛盾。日本学者岩崎允胤和宫原将平说："在各种科学研究中，当人类认识从对当时认识对象的未知状态向已知状态发展的时候，必须以已完成积累到一定程度的科学知识为前提、为媒介。换句话说，把这种完成和积累作前提，一方面由它作媒介，另一方面根据它才对未知自觉地提出问题。提出问题时，把已知和未知分开，加上界限，并且该未知相应于这种情况，以多方面的形式同已知联系着。"❶ 已知和未知的这种联系，从根本上说，是对立统一的矛盾联系。已知和未知的矛盾，在重大科学突破中通常是以理论和经验的矛盾表现出来的。理论和理论之间的矛盾，实质上也是对经验关系的矛盾。

理论和经验的矛盾，主要有两种：一种是已有的理论观念和新的经验的矛盾；另一种是新提出的理论观念和已有的经验的矛盾。

第一种是认识过程中发现新的经验事实，不能用已有的理论观念来说明和解释，甚至与它在根本上背离。这种矛盾是由科学认识的实践本质决定的。科学实践总是把人类认识的触角引向没有经验的领域，造成已有理论和新的实践相对立的情况。所以，已有理论观念和新经验的矛盾其基础是实践和认识的矛盾。而在实践中获得的新的经验事实，包含着直接来自客观对象的信息。它和已有理论观念的矛盾，实际上是主观世界和客观对象的矛盾。

从 1922—1924 年，物理学界出现了科学史家和科学哲学家所说的"量子危机"的征兆。物理学家们采用玻尔的方式，用经典力学加量子条件，计算多电子原子系统的定态或激发态能量时都失败了。人们越来越强烈地意识到，总是存在着旧量子论解释不了的奇特性质，修修补补的改良策略至多只能是权宜之计，唯有革故鼎新才可能根本解决问题。在这个关键时刻，海森伯（Werner Karl Heisenberg）摆脱了直观模型的束缚，在量子革命中率先取得了突破。在 1925 年德国《物理学杂志》9 月刊上，海森伯发表了论文《论运动学和力学关系的量子论转译》。海森伯的这篇论文奠定了不久后的"矩阵力学"的基础，包括物理思想的基础和新的量子乘法的发现，标志着量子危机的突然结束和量子物理学的一个重大突破，从而确立了海森伯在现代科学中的特殊地位。若从方法论角度进行反思，海森伯取得突破的重要原因，一是他善于及时转向比较简单的典型问题（非谐振子问题）；二是他是一个不寻常的方法论多元主义者，敢于尝试与原先观念相背离的另一种研究（原先海森伯热衷于"原子实"直观模型，现在他立足于"可观察量"原则）。❷

---

❶　岩崎允胤,宫原将平.科学认识论[M].哈尔滨:黑龙江人民出版社,1984:311-312.

❷　王自华,桂起权.海森伯传[M].长春:长春出版社,1999:73-116.

第二种是新的理论观念同已有经验的矛盾。这种情形有的错在理论观念一方，消除其错误便达到问题的解决；而有的则错在已有经验的一方，这是由于已有经验受旧的理论观念的影响和支配，形成了错误的观念，因而同新的理论观念不协调。这种理论和经验的矛盾实质上是新的理论观念同旧的理论观念的矛盾，不过是通过旧的经验表现出来而已。

1926 年，海森伯用他建立的量子力学来描述云室中电子的径迹时，发现他所用的数学形式与已有的关于电子在云室中径迹的经验不一致。这种不一致，也就是新的理论观念同已有经验的矛盾。这种矛盾是怎样造成的？经过分析，原来是人们把电子在云室中宏观效应，当作了微观电子的真实轨迹。诚然，云室中的电子运动是客观实在的，但是，人们又是无法看到微观电子的，人们看到的只是由小水滴组成的径迹。依照机械决定论的观念，水滴组成的径迹就是电子运动的实在图象，电子运动的速度、位置应该取一系列连续确定的值。然而，水滴比电子要大得多，云室中的径迹可以是由电子的不确定的位置和速度造成的。这样，海森伯用量子力学描述电子运动同已有经验的矛盾，实际上是同旧的机械论决定观念的矛盾。而这一矛盾的最终根源是机械论观念不能用作观察微观客体运动的指导观念，云室径迹的旧经验就是机械决定论观念对电子运动整形的结果。在消除了旧经验中的机械决定论观念后，量子力学的数学形式同电子在云室中径迹不一致的问题也就解决了。

从对上述两种矛盾的分析中可以看到，科学上重大突破的产生往往基于传统理论与新发现的现象和实验结果之间基本矛盾的解决，源于持之以恒的探索和长期的知识积累。因此，就探索未知世界发现科学真理而言，科学家的科学造诣、敏捷的思辨和深刻的洞察力是事物发展变化的内部因素，而良好的科研环境则是促进事物发展变化的外部因素，只有内因和外因有机地结合起来，才能导致重大科学突破的产生。

2.1.2　重大科学突破对科学发展的影响

科学史是一部科学知识不断增长的历史，这种增长是通过继承和突破两种形式实现的。科学突破是科学知识增长的质变形式之一，它使科学知识的体系结构发生变革，从一种质态跃迁到另一种质态。因此，每当重大科学突破发生，都会引起科学界甚至全社会的巨大反响，都会改变科学的图景和社会生活的面貌。在科学史上，科学突破变革了科学的知识体系和社会建制（科学共同体），为科学的发展设置了一个个转折点，起到了一个个里程碑的作用。这主要表现在以下几个方面。

2.1.2.1 建立了新的科学观念和新的科学理论体系

当旧的科学知识体系遇到了它无法解释和包容的一系列的新观测和实验现象而产生危机时，旨在根本变革旧的科学概念、观念和理论体系的科学突破随时都有可能发生。科学突破一旦发生，在科学范围内，新的科学观念、新的理论体系就会诞生。

20 世纪初，由于黑体辐射能谱的实验很难用经典物理学理论来解释，1900 年普朗克（Planck）提出了著名的"量子"假说，得出了黑体辐射能量的关系式 $E=hv$。普朗克关于能量只能以"能量子"E 为最小单元作不连续变化的假设，冲击了经典物理学长期信奉的"自然界无跳跃"的信条，彻底改变了经典物理学中一切因果关系都是以物理量的连续变化为基础的物理学思想方法；随着"作用量子"h 的提出，物理学发生了一个巨大的跃变，特别是打开了揭示微观世界新奇物理本质的大门。它标志着量子理论的诞生。后经过爱因斯坦（Albert Einstein）于 1905 年提出光量子概念，玻尔于 1912 年提出量子化的原子结构理论，德布罗意（de Broglie）于 1923 年提出电子或质子的波粒二象性理论，康普顿（Arthur Holly Compton）于 1923 年发现康普顿效应，海森堡于 1925 年提出矩阵力学，1926 年薛定谔提出波动力学、玻恩（Max Born）对波函数进行了统计解释，最后由狄拉克（Dirac）在前人的基础上建立了一个概念完整、逻辑自洽的理论体系，至此建立了量子理论与量子力学。

2.1.2.2 促使观测仪器和实验手段的改进

观测仪器和实验手段的革新和发明往往能为新的科学发现和理论创新提供新的实验依据。在伽利略之前，由于没有仪器，观测都是靠肉眼进行的，结果当然是非常不精确的，而且，实验的必要性通常被忽略。随着 20 世纪重大科学突破的产生，科学观测仪器和实验手段也不断得到改进。尤其是 19 世纪和 20 世纪之交的物理学革命，它不仅促进了科学实验向大、精、尖的方向发展，而且使人的"视野"在微观和宏观两方面都扩大了 10 万倍以上：人的洞察力已经从大于 10~15 米的原子集团深入到小于 10~15 米的基本粒子内部，人的眼界已经能从直径 10 万光年的银河系扩展到 150 亿光年的大宇宙。

20 世纪以来，新的观测波段的开拓、新的观测仪器的发明和应用、新的探测技术和方法的引进和推广，为原子物理、宇宙物理、物质与生命科学新的发现和理论突破提供了不可替代的实验依据。

为了大规模地确认类星体，1965 年剑桥大学射电天文台成立了由休伊什领导的课题组，研制专门用于观测行星际闪烁的大型射电望远镜。由于类星体是河外射电源，离地球特别遥远，射电流量密度特别微弱，必须要有足够大的天线面积。为此，休伊什课题组设计了长 470 米、宽 45 米的矩形天线阵，由 16 排、每排 128 个振子（共 2048 个振子）组成。振子和馈线用较粗的铜线制作，总共用了 2000000 米长的铜线、电缆、涤纶链线和 24000 个塑料绝缘子。天线面积达 21000 余平方米，灵敏度很高。此外，他们把望远镜的工作波段选在 3.7 米，望远镜接收机的时间分辨率选在 0.1 秒。与当时英国焦德雷尔班克的 76 米直径射电望远镜相比，这台望远镜造价低廉、构造简陋、功能单一。然而，谁也没有想到，研制观测行星际闪烁的设备却为发现中子星铺平了道路。利用这套装置，1967 年休伊什和他的研究生乔斯林·贝尔（J. Bell）一起发现了脉冲星，在宇宙中找到了物理学家和天文学家梦寐以求的中子星。

2.1.2.3 促进了学科的分化与综合，涌现出一批交叉学科和边缘学科

20 世纪科学突破的产生，使科学研究不断向更加专门化、精细化和微观化的方向发展，从而产生了许多相互区分、相互独立的科学领域和不同学科，出现了科学不断分化的趋势。而随着科学内部不断分化趋势的深入，学科区分越来越细，分支越来越多，以至原来许多互不相干的领域和学科之间出现了相互渗透、相互交叉的现象，于是又产生了许多新兴学科、交叉学科和边缘学科。而由于新兴学科、交叉学科和边缘学科的大量兴起，科学中各领域、学科之间的联系也越来越深，差距越来越小，出现了相互协调、相互融合的现象。

科学突破的这种作用在 20 世纪初的物理学革命中表现得非常明显。这次科学革命综合了经典物理学和经典力学二百多年来所取得的成果，建立了相对论和量子力学两大理论体系。此后，物理学在这两大理论体系的基础上继续发展，诞生了原子物理学与核物理学、粒子物理学、量子场论、凝聚态物理学、微电子学等分支学科。并且，物理学的理论成果和研究方法也广泛渗透到其他研究领域，涌现出宇宙学、量子化学、生物物理学、分子生物学和放射医学等一批新兴的交叉学科和边缘学科。同时，信息论、控制论和系统论等综合性学科也相继建立起来。❶

2.1.2.4 加速了科学机构和科研体制的建立、健全和扩大

20 世纪，随着重大科学突破的不断产生，大量的科学研究开始从分散的单纯个人活动转化为社会化的集体活动；科学研究的规模也越来越大，出现了所谓"大科学"。这就导致了科学研究范式的变化，从而使得科学研究体制也发生了重大的结构性变化。所有的认识机构——大学、研究机构、政府研究所和工业实验室——都发生了变化。❷ 与此同时，为了适应科学提出的任务，一种新型的科学机构——专业化的研究实验室和研究所开始出现，并表现出极强的发展势头。20 世纪也因此开始成为"研究所世纪"。

20 世纪前二十年，所有主要工业国家在科研组织方面发生了根本变化。在这个时期，科学研究不在传统的大学实验室或高等院校进行而是在专业化的研究所里进行的这种想法开始迅速传播开来。❸

在德国，不管是实业家，还是政府首脑，都提倡建立集中的科学研究机构。凯泽—威廉协会就受到了实业界和政府两方面的支持，它创立于 1911 年，它的创立标志着建立科研机构运动的高峰。一战前，正当凯泽—威廉生物研究所取得很大的进展之时，普通化学、物理电化化学和煤炭研究机构开始了活动。尽管有由于战争所造成的困难和接踵而来的通货膨胀，凯泽—威廉学会仍

❶ 李醒民.科学的革命[M].北京:中国青年出版社,1989:226-227.
❷ 约翰·齐曼.真科学[M].曾国屏,等译.上海:上海科技教育出版社,2002:81.
❸ 洛伦·R.格雷厄姆.苏联研究机构的形式:革命创新和国际借鉴的混合体[J].科学史译丛,1980(2):27.

然在很短的时期内创办了 37 个研究所，其中 33 个属于精密科学，4 个属于人文科学。这个研究系统很快获得了世界声誉，并在俄国革命前和革命后讨论组织科研的最有效形式时起了作用。❶

在法国，虽然直到 20 世纪初期，制定一个国家科技政策和大规模地组织重点问题的研究仍然不被认为是当务之急，但随着 1939 年国家科学研究中心（CNRS）的成立，这种观念发生了极大的变化。1901 年，法国成立了"科研基金"，为科学研究在筹措资金方面提供方便。此外，1901 年 7 月 1 日通过的一项法令为非营利行业协会研究机关的建立奠定了基础。在以后的年代中，几十个研究所根据这条法令建立起来，其中包括光学、石油研究、橡胶研究和陶瓷学方面的研究所。一战期间，由于 1914 年、1915 年教育部内设立了一些委员会，关于科研政策的讨论发生了决定性的变化，这些委员会后来并入"国家工业研究和发明局"，即法国国家科学研究中心的前身。CNRS 的成立，极大地推动了法国在理论和应用两个领域里的研究工作。CNRS 成立后，其组织目标在于集中多学科的优势，瞄准科学和社会的需求进行投资。为此目标，它在各科学部内实施各项大型引导性计划。CNRS 的任务，除了从事自然科学、人文科学和社会科学等领域的基础研究和应用研究之外，同时还承担如下任务：科研成果推广和人才培养，跟踪和分析国内外科技形势和发展动态，参与政府科技政策和科研计划的制定工作，为全国科技界提供大型科研设备。

在美国，最引人注目的发展是在私人部门。美国公司步 19 世纪后期德国化学工业的后尘，在 20 世纪初开始发展永久性的工业实验室。为了适应大工业的需要，许多美国公司开始把研究活动扩大到基础研究的领域里去。第一个这样做的是美国通用电气公司。1900 年，通用电气公司建立了美国第一个这类独立的研究实验室。随后，杜邦公司（1902 年）、柯达公司（1912 年）和美国橡胶公司（1913 年）等其他公司如法炮制。至 1915 年，美国大约拥有 100 个工业研究实验室。与此同时，20 世纪初私人基金会在美国出现了。它的

---

❶ 洛伦·R. 格雷厄姆. 苏联研究机构的形式：革命创新和国际借鉴的混合体[J]. 科学史译丛,1980（2）:27.

出现在支持大学和正在出现中的非营利研究所的科研上具有重大意义。到1915 年，美国已有 27 个私人基金会，其中包括卡耐基社团（1911 年）和洛克菲勒基金会（1913 年）。❶

2.1.2.5 提高了科学研究队伍的数量和质量

20 世纪，随着重大科学突破的不断产生，科学出现了突飞猛进的发展，科学家队伍呈指数规律加速增长。普赖斯在《小科学，大科学》一书中指出，在第二次世界大战前后的 50 年间，美国科学家的人数增加了 6 倍，科学家的人数以 12.5 年为倍增周期，呈指数级增长。与此同时，科学的教育事业也不断发展。科学家以向社会提供专门化的服务为生，科学逐渐变成一种谋生必须掌握的技艺，科学家作为一种职业开始从神秘走向大众。此外，由于摆脱了各种宗教教条和封建迷信的束缚，越来越多的人开始相信事实和实验，并投入到科学领域。这些人通过科学家们的严格教育，其中许多人也变成训练有素的科学专业人才。这样，训练有素的科学研究人员急剧增加，由 1896 年的约 5 万人增加到 20 世纪 80 年代初的 300 多万人，并且这种增加的趋势还在继续。

第二次世界大战后，日本的整个教育制度是大致仿照美国的制度进行改组的，新建了许多大学和学院，研究生的课程增加了，并开设了一些新的课程。现在培养青年研究人员的主要机构是研究生院，而不再是大学了。随着日本在经济上得到恢复，在许多私立大学里新设了一些科学和技术科系。在国立大学及其附属研究所，无论是新建的还是原有的，它们作为"大科学"时代宏大研究计划的中心，都起了更加重要的作用。基础研究对工业的必要性更清楚地被认识到，大工业创办了自己的研究所。这样，科研人员的人数大为增长（见图 1），国际交流和合作也更广泛了，结果在愈益增大的刺激下，日本科学家的数量和质量也在不断获得越来越大的成果。❷

---

❶ 洛伦·R. 格雷厄姆. 苏联研究机构的形式：革命创新和国际借鉴的混合体[J]. 科学史译丛,1980(2):28.

❷ 渡边正雄. 日本在国际科学界中的崛起[J]. 科学史译丛,1980(2):43.

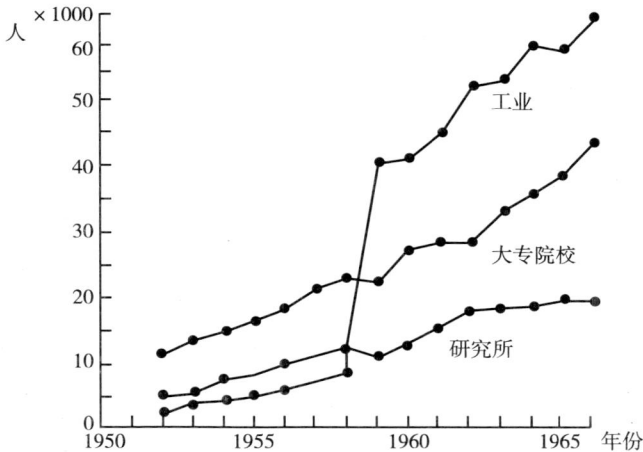

图1　日本科研人员的数目

2.2　研究团队与20世纪重大科学突破的关系

　　1900—1999年这一百年中，科学史上发生了各种各样的突破。按引发突破的知识载体划分，这些科学突破可分为理论突破、方法突破和科学发现三种类型。理论或学说是系统化了的知识体系，创立一门理论使一门学科的体系结构发生变革，是一种重大突破，甚至引起科学的革命。科学方法是研究和解决问题的工具，它为人们认识事物的本质和规律提供有效的措施、手段和途径。建立一种崭新的方法，对一门学科的发展产生重大影响，是一种重大科学突破。科学发现往往是致力于研究某个特定科学问题的研究项目带来的成果。它通常是在为解决某个特定"难题"、检测某个特定假说或探索自然界的某个领域而精心设计的研究中出现的。科学发现不仅仅就是已宣布的研究发现，它还是一种不可期望、不可预见、令人惊奇的发现（finding），❶ 是一种重大科学突破。例如，约翰·齐曼（J. Ziman）就并不认为欧洲核子研究中心粒子加速器（CERN）的鲁比亚小组（Carlo Rubbia's team）"发现"了W粒子和Z粒子这种表述是正确的。他认为，该小组在1983年所进行的精巧实验就是小心翼

---

❶　约翰·齐曼. 真科学[M]. 曾国屏,等译. 上海：上海科技教育出版社,2002：260-263.

翼地设计出来探测这些物质的，它们的存在在理论基础上已经被广泛地预言了。他进一步指出，假如该小组的研究没有这个幸福的结局，那反倒令人惊奇了。

因此，本研究以 20 世纪百年历史中的科学突破为基础，从理论突破、方法革新和科学发现等角度出发，从中挑选出 119 项具有代表性的重大科学突破作为分析的对象，进行数据、图表统计，试图找出重大科学突破与研究团队之间的本质关系。需要说明的是，除 1976 年、1989 年和 1992 年没有重大科学突破外，其他年份都至少有一项重大科学突破产生（见附录 A）。

在所选择出的 119 项重大科学突破中，生物学方面的突破有 29 项，物理学方面有 24 项，化学方面有 18 项，天文学方面有 17 项，数学方面有 16 项，地质学方面有 15 项。通过对这 119 项重大科学突破进行分析，我们发现，涉及团队合作研究的就有 51 项之多，占总数的 42.86%。这不仅说明团队合作研究是 20 世纪重大科学突破产生的一个重要条件，同时也说明重大科学突破的不断出现，促使科学家认识到只有进行科学的集体或合作研究才能更好地到达成功的彼岸。如果以 25 年为一个时间段，以重大科学突破为选择标准，对每一个时间段团队合作研究的情况进行统计分析，就会得到一个统计图表（见表 1）。从表 1 中可以看出，从 1900—1999 年，团队合作研究的科学突破数所占的比率分别为 29.03%、35.29%、50.00% 和 61.54%，呈现出迅速增长的趋势（见图 2），并且前 50 年与后 50 年间起伏明显。这意味着研究团队创新性的研究和管理模式对重大科学突破的产生起了重要作用，并且这种作用越来越大，以至于第二次世界大战后有一半以上的重大科学突破是在研究团队的合作研究中产生的。

在研究团队中，团队成员实行自我管理并愿意为共同的研究纲领而相互承担责任；团队权力即影响力主要来源于专业的影响力，决策力掌握在拥有专门知识的成员手中；团队的结构并不是一种金字塔式的组织模式，而是扁平式的组织模式，强调人人平等。这种扁平化的组织结构不要求所有团队成员的意见都完全一致；允许存在差异，这样不同观点之间碰撞容易产生创新的火花；其内部也允许存在竞争，但不允许诋毁他人；要求成员之间经常进行沟通；核心小组还必须具备高超的冲突管理与协调能力等。由于具备这些基本特性，研究团队不可避免地成为产生重大科学突破的温床。因此，研究团队创新性的研究和管理模式是 20 世纪科学产出的重要形式之一。

表 1　20 世纪重大科学突破分析

时间段	科学突破项数	有团队合作的项数	比率（%）
1900—1924	31	9	29.03
1925—1949	34	12	35.29
1950—1974	28	14	50.00
1975—1999	26	16	61.54
（总计）1900—1999	119	51	42.86

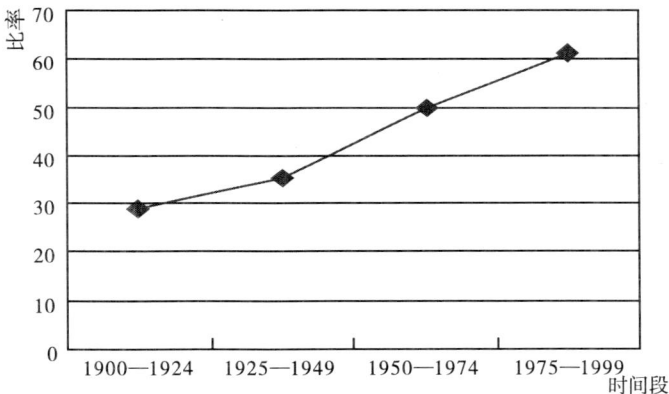

图 2　20 世纪团队合作研究的发展趋势

在科学的发展中，虽然有些科学家（如普朗克、爱因斯坦）相对独居立地获得了杰出的研究成果；然而，在许多情况下，导致重大科学突破的研究是在基本群体的联合，以及其他类似的集体科学工作形式的范围内完成的。在 20 世纪的科学史上，许多重大科学突破的产生就与研究团队的活动相联系。

20 世纪 60 年代，交叉分子束技术的突破性改造，就与赫施巴赫（D. R. Herschbach）和李远哲研究团队的研究分不开。从 1959 年起，赫施巴赫开始利用交叉分子束的研究方法，将各种反应物分子以分子束的形态按精确指定的交叉方向和速度注入反应体系，使反应在指定的交汇点进行。通过适当的检测技术，就可以对反应物及反应产物进行检测和化学动态学研究。赫施巴赫在这个领域很快取得了许多进展，但对关键的交叉分子束实验装置还一时没有突破。1967 年，李远哲加入了赫施巴赫的研究团队。1967 年年末，赫施巴赫和李远哲等人就对氯和溴之间的分子反应进行了深入研究。赫施巴赫和李远哲还研究了钾原子与碘甲烷的反应。他们从观察产物分子的角分布中发现，反应中生成的碘化钾对钾分子束的方向来说是反向的。这是应用交叉分子束技术所得到的第一个化学反应动态学信息。赫施巴赫、李远哲和他们的同事及学生不断改进交叉分子束方法的实验技术和理论处理，得到了许多对反应机理的新认识。20 世纪 60 年代前后，赫施巴赫、李远哲等人的工作主要集中于以碱金属为对象的化学反应研究，尚无法扩展至其他反应，这一时代因而被称为分子束研究的"碱金属"时代。20 世纪 60 年代后期开始，他们开展了以有机化合物为主的研究阶段，诸如许多有机卤化物中的卤素置换反应，取得了大量新结果，因而被称为分子束技术的"有机化学时代"。赫施巴赫、李远哲研究团队在交叉分子束技术方面所取得的突破性进展，实现了在单次碰撞条件下研究单个分子间发生的化学反应机理的设想。赫施巴赫和李远哲也因此而获得了 1986 年的诺贝尔化学奖。

在发现 C_{60} 的过程中，克罗托（H. W. Kroto）、柯尔（R. F. Curl）和斯莫利（R. E. Smally）研究团队就发挥了重要作用。克罗托擅长星际分子的红外、微波光谱研究，柯尔的专业为光谱学，而斯莫利的专业则是化学物理。长期以来，克罗托一直对星际存在的长链分子有浓厚兴趣。20 世纪 80 年代初，克罗托和他在萨塞克斯大学光谱研究所的同事一道，发现了星际分子的存在，这是一些含碳的小的链式化合物。因此，他希望在地球上也制造出这种分子。他将自己的想法告诉了在美国的朋友柯尔。柯尔想到自己在赖斯大学的一位同事斯莫利有一台符合克罗托目的的激光装置，就为他们二人相互引见，结果促成了他们三人的共同合作。克罗托在研究红巨星的星际分子时提出了一个假说：在红巨星附近不存在直链状碳链分子。然后，他进一步认为，在碳丰富存在的红巨星附近，碳的长链分子应当生成及存在。为了证实自己的想法，他认为斯莫利新开发的激光蒸发分子源装置十分适合用来证实自己的想法，也就是说，用石墨的激光蒸发实验有可能产生碳的长链分子，或者由几十甚至几百个原子组成的团簇（亦称簇化物）。于是，1985 年，克罗托来到赖斯大学，开始了石墨的激光蒸发实验，结果第一次在质谱上得到了 C_{60} 及 C_{70} 的巨大的峰。很显然，C_{60} 在质谱上的峰很大，说明它比仪器总的其他团簇稳定。但那些随机产生的碳原子，是如何结合成刚好 60 个原子的稳定的团簇呢？经过长时间的研究，斯莫利制出了一个对称性最好的 C_{60} 纸制模型。经过充分讨论后，克罗托、柯尔和斯莫利研究团队给《自然》杂志写了一篇论文，很快被接受了。然后，他们进行了严密的逻辑推理，并用实验进行证明。最后，他们一致认为，他们所发现的 C_{60} 是碳的第三种同素异形体，并推断其他一系列含偶数碳原子的团簇皆可形成封闭的笼。由于他这个突破性的发现，他们三人获得了 1996 年诺贝尔化学奖。

原子有核模型的提出是以卢瑟福为核心的曼彻斯特大学物理实验室在 20 世纪最重要的成就之一。早在 1906 年 11 月，卢瑟福就已经知道 α 粒子在其运动超过临界速度时能够进入原子系统，从而可以用它探测原子结构和改变原子的组成。[1] 1907 年，卢瑟福和汉斯·盖革做了 α 散射实验，他们认为这对于"理解物质的本质"是关键的。1908 年，卢瑟福与盖革一起设计了一个用闪烁法对 α 粒子准确计数的方法。1909 年，青年学生厄内斯特·马斯登（E. Marsden）参加了他们的实验研究工作。他们用镭作放射源，进行 α 粒子穿射金箔的实验，精心测量数量极少的大角度散射粒子，结果发现约八千分之一的 α 粒子偏转角度超过 90 度，个别 α 粒子偏转角度甚至大到 180 度，即直接被金箔反弹回来。为了确认这一现象，卢瑟福让马斯登将实验再重复一遍，并让他以 α 粒子铅箔代替金箔进行同样的实验。结果发现，当用 α 粒子轰击铅箔时，大角度偏转的 α 粒子的数目还会增多。通过对这些实验结果的思考，1910 年底卢瑟福开始把散射实验事实与新的原子模型联系起来。他认为，α 粒子是在同靶原子的一次碰撞中改变其方向的，因而静电斥力必须集中在一个极少的范围内，即原子中有一个体积很小、质量很大、对正电荷有很强偏转能

[1]　1906 年 11 月 4 日，卢瑟福在给 W. H. 布拉格的信中，提到他要精确测量 α 粒子使气体离子化的临界速度，他说："α 粒子在这个速度时，就会进入原子系统——一种构成新原子的可能方法"。

力的核；核外则是一个很大的空的空间，核的体积很小，其直径约为原子直径的万分之一到十万分之一，但却几乎集中了原子的全部质量，带负电的、轻得多的电子则在很大的空间里绕核运动。一定元素的原子核上的正电荷的数目等于该元素在元素周期表上的原子序数，并等于核外的电子数。这就是原子的有核模型。根据这个模型，卢瑟福还计算了一次散射到一个给定角度的概率，得到了与实验一致的结果。这个原子模型在理论上得到解释是在 1912 年和 1913 年，分别由盖革与马斯登和莫斯莱（Moseley）用实验作了验证。原子有核模型的提出在科学史上具有重大的意义。它不仅澄清了人们长期以来对原子结构的错误和模糊的认识，将复杂的原子结构呈现在人们面前；还为后来玻尔从量子力学角度进一步认识原子结构奠定了基础。它不仅是卢瑟福个人的成就，更是团队协作的成果。

由此可见，随着科学发展的不断深入，研究团队和重大科学突破之间存在着某种特殊的联系。一方面，重大科学突破的产生，加速了科学自身的不断发展，增强了科学家合作研究的意识，促使科学研究的组织形式发生极大地变化，从而为研究团队的管理、运作模式的深入发展创立了条件。重大科学突破的不断产生，刺激了研究设备的复杂化，从而使研究朝着更集体的行动模式发展。人们自然会想到高能物理学或空间科学，数百名科学家必须围绕着一个巨大的研究设备一起工作数年，只是为了完成一个单一的实验。但这种"大科学"形式仅是总体趋势中最壮观的表现。二战期间，当很多物理学家和工程师一起被投入到生产神奇新武器的大组织中时，他们的经历无疑加重了这种趋势。同样的趋势清晰地表现在具有两个或多个作者合作科学论文所占比例的增长上。科学家之间的团队合作、网络化或其他合作模式不仅是时尚，更受到了即时全球通信乐趣的激励。它们是重大科学突破产生后知识和技术积累的社会结果。❶ 科学已经发展到一个无法依赖个体独立工作来解决突出问题的阶段，而团队的研究模式就是一个重要的、能够解决突出问题的集体组织形式。另一方面，研究团队创新性的管理、运作模式，能够培养出一大批富于竞争性、开放性和学科交叉性等特征的优秀科学人才，有利于重大科学突破的产生。在共

---

❶ 约翰·齐曼. 真科学[M]. 曾国屏, 等译. 上海: 上海科技教育出版社, 2002: 84-85.

同的研究纲领的指引下，研究团队通过强有力的学术纽带，能够把科学家组织起来，以大学、实验室和研究所等为研究基地，能够有效地把研究和教育结合起来，可以培养出大批具有团队研究精神的优秀科学人才，从而为重大科学突破的产生创造了有利条件。

第三章 研究团队与跨学科研究活动的关系

3.1 科学发展的跨学科研究趋势

3.1.1 跨学科研究的涵义

跨学科（Interdisciplinary）是在不同学科的相互作用、相互结合中形成和发展起来的，因此，它的最突出特征之一就是形成的跨学科性。从某种角度说，跨学科也并不是一种新东西。"跨学科"一词最早于20世纪20年代中期在美国纽约出现。当时，美国社会科学研究理事会（the Social Science Research Council）提出它的主要职能是发展涉及两个或两个以上学会的综合研究（那时它共有7个学会），而"跨学科"一语是该理事会会议速记使用的记录文字。最早公开使用"跨学科"一词的是哥伦比亚大学著名心理学家伍德沃思（R. S. Woodworth）。1926年，他在社会科学研究理事会上指出，理事会是几个学科的集合，要努力促进不止一个学科进行的研究；除理事会外，其他组织都无法担负起组织开展跨学科协调或研究的责任。1930年，美国社会科学研究理事会在一份有关理事会的目标的声明中，正式使用"跨学科的活动"这一说法。1937年，《新韦氏大学词典》和《牛津英语辞典补本》首次收入"跨学科"一词。❶《英华大辞典》对"Interdisciplinary"一词的解释为："涉及两种以上训练的；涉及两门以上学科的"。《英汉辞海》的解释为"各学科间的，多学科的，以两个

---

❶ 刘仲林. 现代交叉科学[M]. 杭州:浙江教育出版社,1998:56–57.

或两个以上的学科或研究领域的参与与合作为特征的。"

然而，"跨学科"概念还具有新的涵义。20世纪初期，西方学术界和教育界产生了一种新的倾向：对知识进行重新组织和调整。脑力劳动的新划分，学者间的合作研究，大学里的跨系教育，开展综合领域的研究，以及对不同区域的比较研究等增加了学科之间的相互交流、借鉴。知识的传统划分受到各种不同的"统一论""整体论"观点的压力。学科之间要求增加相互边界的渗透，流派之间要求进一步融合，大统一理论和宇宙论相继出现。这些要求整体统一的观点对当时的专业化垄断现象形成了压力。尽管这些压力来自不同的方面，并为各种目的服务，但是，它们有一个重要的共同点，这就是"跨学科"。❶

"跨学科"研究从它被提出后就受到人们的重视，这是因为：①它融合了不同学科的范式，推动了以往被专业学科所忽视的领域的研究，打破了专业化的垄断现象；②增加了各学科之间的交流，形成了许多新的学科；③创造了以"问题解决"（Problem-solving）研究为中心的研究模式，推动了许多重要实践问题的解决。❷

因此，笔者认为，跨学科研究是指为适应现代科学发展，打破学科界线，运用其他学科的理论、方法研究某一学科，或由两个、多个学科的学者共同研究某一对象的一种研究方式。

3.1.2 科学发展的跨学科研究趋势

在20世纪的科学发展中，各学科不断地纵横分化与综合，形成了跨学科研究的趋势。20世纪分子生物学等学科交叉领域的出现，主要是基础研究领域横向延扩和纵深发展的结果。跨学科研究领域不仅出现在基础学科的汇合处，还出现在为解决迫切问题而设计的研究中。20世纪中叶以来，许多研究是针对存在于地区或全球范围内的普遍疑难问题。对诸如海洋、生态乃至地球和空间等大自然系统的研究带来了更大的跨学科研究范围。体现着统一的、多样的自然界的各门科学越来越表现为相互联系的知识系统。更广泛的跨学科研

---

❶ 朱玫. 美国的跨学科研究[J]. 国外社会科学,1992(5):66.

❷ 金吾伦. 跨学科研究引论[M]. 北京:中央编译出版社,1997.

究出现在自然科学、数学科学、技术科学和社会科学之间。数学科学在科学理论标准化中起着重要的作用，并且科学理论数学化已成为20世纪科学发展的大趋势。物理学已经形成理论物理、实验物理和计算物理三足鼎立的新格局。物理学中的数学化和计算化的方向被其他学科所效仿。数学的应用早已超出传统的力学、物理学、天文学领域，几乎各门科学都在应用数学。自然科学中不断上升的非线性科学重大问题，以及理论标准化所提出的数学标准化要求促使物理科学、生命科学和数学科学等各学科的科学家进行跨学科的综合研究。❶这一研究趋势使得人们相信，越来越多的学科所研究的物质运动基本形式中的每一种，将同时从一种统一的、对所有这些学科来说是跨学科的基础理论的角度进行研究。这种理论将成为对物质运动基本形式之间的"衔接点"进行研究的更加深刻的基础。❷

跨学科研究的最基本特征在于它的学科交叉性、多学科性和跨学科性。它承认事物联系的整体性与相互作用的复杂性，由此产生了它的理论和方法的综合性和普遍性。❸ 这些特征带有其明显的历史烙印。20世纪科学发展的跨学科研究趋势，主要动力来自两个方面：科学整体化趋势的加强和科学从简单性研究向复杂性研究发展所产生的现实问题的需要。因此，科学整体化和探索复杂性的特点决定了跨学科研究方式的兴起。

一方面，跨学科研究活动的出现是科学整体化趋势加强的产物。早在20世纪30年代，德国物理学家普朗克（Planck）就已经认识到了科学整体化对跨学科研究的重要性，他说："科学乃是统一的整体。将科学划分为若干不同的领域，这与其说是由事物本身的性质决定的，还不如说是人类认识能力的局限性造成的。其实，从物理学到化学，通过生物学和人类学直到社会学，这中间存在着连续不断的环节。这些环节无论在哪一处都不可能被扯断，难道非得人为地把它们割裂开来？"❹ 不仅科学的整体化，而且科学和技术的整体化不断增强，乃是20世纪科学进步的特点。科学知识的整体化既表现在各个科学

---

❶ 21世纪初科学发展趋势课题组. 21世纪初科学发展趋势[M]. 北京:科学出版社,1996:8-16.

❷ I. 普利戈津,等. 软科学研究[M]. 国外社会科学编辑部译. 北京:社会科学文献出版社,1988:65-66.

❸ 金吾伦. 跨学科研究引论[M]. 北京:中央编译出版社,1997:116.

❹ I. 普利戈津,等. 软科学研究[M]. 国外社会科学编辑部译. 北京:社会科学文献出版社,1988:23.

领域内部成分之间的综合、联系及相互作用的加强（"学科内部的综合"），也表现在科学知识不同领域之间、不同学科之间的综合、联系及相互作用的加强，表现在认识方法的相互渗透和相互补充（"学科之间的综合"）。因而随着科学的发展，学科之间不断融合、交叉、渗透，科学分类越来越具有暂时的、相对的性质。❶

整体化是在科学的综合及相互作用过程中，科学认识发展合乎科学发展规律的结果。20 世纪科学发展的特点表现在：它涉及科学技术的整个体系，促进大量的边缘学科和交叉学科（如生物化学、生物物理学、物理化学、仿生学、辐射遗传学、电子化学等）迅速发展，促进医学科学和技术科学迅速发展，在科学的各个领域和整体上促进科学整体化过程的加快。例如，根据国内学者的研究，20 世纪大量的化学家、物理学家甚至数学家和计算机学家参与生命科学领域的研究工作；对生命科学领域的研究经历了一个由整体到个体再到整体的发展路线；并且随着新的研究手段的不断出现和人们对个体认知的不断深入，研究工作整体化的趋势也不断加强。❷ 为适应科学和实践发展的现代需要而进行的综合研究，对于整体化过程具有重要意义。揭示各个领域共同的规律性、方面、关系和结构的科学（数学、普通系统论、控制论等），在整体化中起着重要的作用。借助于数学化和控制论化，能够将一般科学方法、研究方式和科学知识的统一加以扩展。现在，不仅是哲学，它研究存在和意识的一般规律，揭示着世界的统一性，确立具体科学的整体性和相互联系；而且是各门具体科学，也在其自身发展的一定水平上，更清晰地在特殊中揭示一般，开始在知识的综合中起着越来越大的作用，不断发现新的、与其他科学"交界的"领域。❸

另一方面，跨学科研究活动的勃兴与发展还来自为解决科学从简单性研究向复杂性研究发展所产生的现实问题的需要。20 世纪，科学研究开始从探索简单性向探索复杂性发展。对于这个问题，法国科学哲学家加斯东·巴什拉认为复杂性是一个基本的问题，因为根据他的看法自然界没有简单的事物，只有

❶ 西罗卡诺夫，等. 现代科学的发展规律性与认识方法[M]. 上海：复旦大学出版社,1984:1.
❷ 张利华. 从若干重要学科前沿的比较研究谈我国基础科学学科政策[J]. 自然辩证法研究,1998(4).
❸ 西罗卡诺夫，等. 现代科学的发展规律性与认识方法[M]. 上海：复旦大学出版社,1984:2-3.

被简化的事物；沃伦·威沃（Warren Weaver）则宣称 19 世纪是被瓦解的复杂性的世纪（他显然想到了热力学第二定律），而接替它的 20 世纪则是有组织的复杂性的世纪。❶ 而真正对复杂性进行系统研究始于 20 世纪 80 年代初以三位诺贝尔奖获得者马瑞·盖尔曼（M. Gell-mann）、肯尼思·阿诺（K. J. Arrow）、菲利普·安德森（P. W. Anderson）为首的一批不同领域的科学家。他们组织和建立桑塔费研究所（Santa Fe Institute，SFI），以开展跨学科、跨领域的研究——他们自称为复杂性研究。他们认为，20 世纪的科学在混沌边缘发生了复杂、调整和剧变——这些共同的特征是如此显著，以至于他们相信，在一系列仅仅是顺理成章的科学类推之外肯定还有更多的东西存在着。SFI 的创建者之一马瑞·盖尔曼在其所著的《夸克与美洲豹——简单性与复杂性的奇遇》说过这样的话："研究已表明，物理学、生物学、行为科学，甚至艺术与人类学，都可以用一种新的途径把他们联系到一起。有些事实和想法初看起来彼此风马牛不相及，但新的方法却很容易使它们发生关联。"他们相信，他们正在凌厉地冲破自牛顿时代以来一直统治着科学的线性的、简化论的思维方式。20 世纪兴起的对复杂性问题、复杂性科学的研究，反映了在科学领域开展跨学科研究的突出增长。这种研究，涉及跨学科研究的大量理论和方法论问题。它的发展，充实和丰富了跨学科基础研究，成为跨学科理论和方法论研究中引人注目的组成部分。❷

此外，从 20 世纪重大科学突破的产生中，我们也可以清晰地看到跨学科研究方式的大量运用。在 20 世纪的 119 项重大科学突破（见附录 A）中，涉及跨学科研究的就达 90 项，占 75.63%。若以 25 年为一时间段，跨学科研究所占的比率分别为 67.74%、73.53%、78.57%、84.62%，呈现出迅速增长的态势（见表 1）。从表 1 中，可以看出，20 世纪自然科学的重大理论突破，大多是跨学科研究的产物。重大突破的产生，不再只是来源于单纯经验性的创造发明，它更经常地来源于跨学科的研究活动。这正如 A. ∏. 亚历山德罗夫院士在苏联第三次现代自然科学哲学问题会议上的开幕词中所指出的："最有趣

---

❶　埃德加. 复杂思想：自觉的科学[M]. 莫兰,陈一壮,译. 北京:北京大学出版社,2001:137.

❷　金吾伦. 跨学科研究引论[M]. 北京:中央编译出版社,1997:329.

的是，现代科学的基本'生长点'，不论是在自然科学范围内还是在自然科学范围外，都是在不同学科的'衔接点'上显示出来。现在情况如此，将来会越来越明显。因此，当今用综合方法来解决跨学科问题就有了重要的意义。"❶

值得注意的是，在20世纪各项重大科学突破中，跨学科研究的方式却不尽相同。根据研究对象的不同，可以把它们分为以下几类：

第一类，依赖大型研究设备、装置（如加速器、望远镜和核装置等）所进行的跨学科研究；

第二类，针对大型科学工程（如登月计划、曼哈顿工程等）所进行的跨学科研究；

第三类，针对复杂的科学问题所进行的跨学科研究。在那些复杂的、盘根错节的科学问题面前，单学科的知识和狭隘的专业化技能已经显得软弱无力。要解决这些问题，需要科学家们进行跨学科的研究。

表 1　科学突破中关于跨学科研究的统计

时间段	科学突破项数	涉及跨学科研究项数	比率（%）
1900—1924	31	21	67.74
1925—1949	34	25	73.53
1950—1974	28	22	78.57
1975—1999	26	22	84.62
1900—1999	119	90	75.63

3.2　研究团队的跨学科研究活动

进入20世纪之后，科学与产业的关系迅速密切起来，属于大公司和政府研究机构的研究团队陆续设立了起来。那种凭天才的个人活动所进行的旧式研究宣告结束了，而由许多科学家有组织的合作所进行的团队研究方式，发展起来了。原子能的释放、人造卫星的发射等，就是在极大范围的团队研究基础上

---

❶　I. 普利戈津,等. 软科学研究［M］. 国外社会科学编辑部译. 北京:社会科学文献出版社,1988:60.

进行的。科学家的数目迅速增加，而实验设备出现了例如在高能粒子加速器、原子能反应堆、人造卫星等方面所看到的利用最新技术、价格极高的巨大装置。"现代科学的大规模性，面貌一新且强而有力，使人们以'大科学'一词来美誉之"。❶ 20世纪科学的规模就这样飞跃地扩大了，结果，不仅提高了研究的效率，加速了科学进步，而且产生了那种不依靠多数科学家共同合作就无法进行研究的新学科，例如原子物理学就构成了现代科学的核心。科学已经发展到一个无法依赖个体独立工作来解决突出问题的阶段。❷

3.2.1 依赖大型研究设备、装置所进行的研究团队跨学科研究活动

更强有力的研究设备使好科学搞起来更容易。人们自然会想到高能物理学或空间科学，数百名科学家必须围绕着一个巨大的研究设备一起工作数年，只是为了完成一个单一的实验。❸ 巨大的研究装置必然导致大科学的研究团队的跨学科研究。设计和建造一台大型研究装置的任务不再由科学家自己来承担，它必须由工程师和其他技术专家组成的研究团队通过跨学科的研究工作来完成。

以回旋加速器的发明为例。一个大型回旋加速器，从设计和可行性研究开始，经过制造、安装、调试过程再到正式运行并做具体实验，每个步骤都需要各种人才的分工协作和相互配合。劳伦斯（E. Lawrence）在诺贝尔奖获奖演说中说："从工作一开始就要靠许多实验室中众多积极能干的合作者的共同努力，各方面的人才都要参加到这项工作中来，不论从哪个方面来衡量，取得成功都依仗密切和有效的合作。"

以劳伦斯为核心的研究团队在跨学科研究过程中进行密切而有效的合作，从而造就了一个诺贝尔奖获奖群体。劳伦斯凭借其天才的设计思想、惊人的工作能力和高超的组织才能，把各个专业优秀科学家吸引到回旋加速器这个大规模的团队项目中来，在他的周围迅速形成了一支充满活力的加速器专家队伍。

❶ D. 普赖斯. 小科学,大科学[M]. 宋剑耕,等译. 北京:世界科学出版社,1982:2.
❷ 坂田昌一. 坂田昌一科学哲学论文集[M]. 安度,译. 北京:知识出版社,1987:184.
❸ 约翰·齐曼. 真科学[M]. 曾国屏,等译. 上海:上海科技教育出版社,2002:84.

例如，随着加速器体积和能量的增加，劳伦斯认识到电气工程师是不可或缺的，于是就聘请了布洛贝克（W. Brobeck）参加他的项目。由于布洛贝克的精心设计，1939 年建成的 60 英寸回旋加速器工艺益发精良、各种性能更好。在这台加速器上发现了一系列原子序数大于 92 的重元素，即超铀元素。为此，辐射实验室的麦克米伦（E. M. McMillan）和西伯格（G. T. Seaborg）荣获了 1951 年诺贝尔化学奖。1949 年，麦克米伦根据同步稳相方法并利用"二战"前做好的巨型电磁铁，建成了 184 英寸的电子同步加速器，能量达到 330 兆电子伏，第一批人造介子因而出现。当能量超过 60GeV 的质子同步加速器于 1954 年建成后，则产生了质子-反质子对。塞格雷（E. G. Segre）和张伯伦（O. Chamberlain）因在该机上发现反质子而荣获 1959 年诺贝尔物理学奖。不久，卡尔文（M. Kalvin）用 14C 作示踪原子研究光合作用过程所取得的成就，荣获 1961 年诺贝尔化学奖。为了探测高能带电粒子的径迹，格拉泽（D. A. Glaser）于 1952 年发明了一种探测装置——气泡室，因此荣获 1960 年诺贝尔物理学奖。1954 年，阿尔瓦雷斯小组不断研制和发展气泡室技术，首先用液氢观察到了带电粒子的径迹，次后又发现了共振态粒子，阿尔瓦雷斯（L. W. Alvarez）因此荣获 1968 年诺贝尔物理学奖。而劳伦斯本人则因发明和发展回旋加速器这一成就及其应用成果，特别是有关人工放射性元素的研究，荣获了 1939 年诺贝尔物理学奖。

3.2.2　针对大科学工程所进行的研究团队跨学科研究活动

大科学工程如美国的曼哈顿工程、"星球大战"计划、欧洲的"尤里卡"计划和多国参加的人类基因组计划等，通常围绕一个总体研究目标由众多不同领域的优秀科学家组成团队，有组织、有分工、有协作、相对分散地开展大规模的跨学科研究。

以美国的曼哈顿工程为例。曼哈顿工程集中了大量的物理学家、化学家、工程师、军人和当地居民进行跨学科的研究工作。在发起、实施曼哈顿计划中起决定性作用的有西拉德（L. Szilard）、爱因斯坦、西伯格、费因曼、费米和奥本海默（Oppenheimer）等几位科学家。1942 年，奥本海默在应邀加入曼哈顿工程后，马上召集了一小批理论物理学家到伯克利，和他们一起投入核爆炸性质的紧张研究（同时考虑裂变爆炸和利用热核反应的可能性两者），并研究那些必须解决的问题。然而，在曼哈顿工程刚开始时，美国"原子弹之父"、洛斯·阿拉莫斯实验室主任奥本海默对跨学科研究的困难却估计不足，认为只要 6 名物理学家和 100 多名工程师就足够了。但到 1945 年时，实验室发展到 2000 多名文职研究人员和 3000 多名军事人员，其中包括 1000 多名科学家。经过全体人员的艰苦努力，原子弹的许多技术与工程问题得到解决。1945 年 7 月 15 日凌晨 5 点 30 分，世界上第一颗原子弹实验成功。

3.2.3　针对复杂的科学问题所进行的研究团队跨学科研究活动

科学研究的出发点是科学问题。20 世纪的科学呈现出既高度分化又高度综合的两种明显趋势：一方面，学科越分越细，新学科、新领域不断产生；另一方面，不同学科、不同领域之间相互交叉、综合与融合，向综合和整体化方向发展。正如美国桑塔费研究所（SFI）首任所长考温（G. Cowan）所指出的："通往诺贝尔奖的堂皇道路是用还原论的方法开辟的""你为一群不同程度被理想化了的问题寻求解决的方案，但却多少背离了真实的世界，并局限于你能够找到一个解答的地步""这就导致科学的越分越细碎，而真实的世界却要求我们采用更加整体化的方法"。❶ 在这种情形下，逐渐产生出许多复杂的、盘根错节的科学问题。而在这些问题面前，单学科的知识和狭隘的专业化技能已经显得软弱无力。因此，要解决这些问题，就需要不同学科、不同领域的科学家组成团队并进行跨学科的研究活动。

例如，对于"蛋白质到底是具有精确化学结构的物质，还是由比较小的分子以各种不规则的方式聚集而成的物质"这个复杂的、跨学科的蛋白质化学的中心问题所进行的研究中，桑格（Fredrick Sanger，1918—?）及其研究团队发挥了极其重要的作用。

20 世纪 40 年代中期，由桑格所带领的一个英国化学家小组就详细搞清楚了一种蛋白质的全部氨基酸顺序。他们选择的对象是胰岛素，一方面因为胰岛

---

❶　成思危. 复杂科学与管理,复杂性科学探索[M]. 北京:民主与建设出版社,1999.

素普遍存在（所有哺乳动物都产生胰岛素），另外也因为胰岛素比其他蛋白质小。桑格及其小组用各种方法分解胰岛素，这样，利用不同的方法，便得到了不同的分解物。例如，利用蛋白消化酶——胃蛋白酶，他们总是可以得到末端为特定氨基酸的片段；利用胰蛋白酶（另一种蛋白消化酶），得到的片段通常为另一种氨基酸。另一方面，如果用强酸处理，那么得到的片段组合就变化不定。因此他们设想：酸随机地水解肽键；蛋白消化酶是特异的，只切断某些氨基酸周围的肽键。当时，桑格分离（蛋白质）降解产物的层析法并没有什么新的东西。一旦桑格及其同事将每一个片段分离出来，他们便可以确定片段的化学特性（鉴定每一个片段所含的氨基酸种类），并做定量的确定。桑格按照这种方法，鉴定了上百个片段，并确定出每个片段出现的频率，最终不仅可以明确胰岛素中氨基酸的种类，而且可以说清楚这些氨基酸原先的连接顺序。❶

　　1945 年，桑格曾把这项工作的难度比喻成在一堆废料中挑选零件，然后再重新组装成一辆完整的汽车。根据桑格的看法，这项工作的关键是找到由于两个或两个以上氨基酸连接成的片段，就像在一大堆废料中寻找由轮子和轴连在一起的零件一样。后者表明，在完整的汽车中，这两个部分是连在一起的。同样的道理，当桑格多次发现胰岛素的降解产物中某三个氨基酸是连在一起的，他就可以推断出在完整的蛋白质中，这三种氨基酸也连在一起。这样，到 20 世纪 40 年代中期，桑格及其小组已经绘制出了一种胰岛素（牛胰岛素）的氨基酸序列图（见图 1），这个胰岛素分子共由 51 个氨基酸组成，为两个肽链（标记为 a 和 b），两个肽链之间由二硫键（两个硫连接）连在一起。❷ 桑格及其同事的工作第一次表明蛋白质是氨基酸通过肽键连在一起的聚合物，桑格也因此获得了 1968 年诺贝尔生理学和医学奖。

❶　加兰·E. 艾伦. 20 世纪的生命科学史［M］. 田洺，译. 上海：复旦大学出版社，2000：195-196.
❷　加兰·E. 艾伦. 20 世纪的生命科学史［M］. 田洺，译. 上海：复旦大学出版社，2000：196.

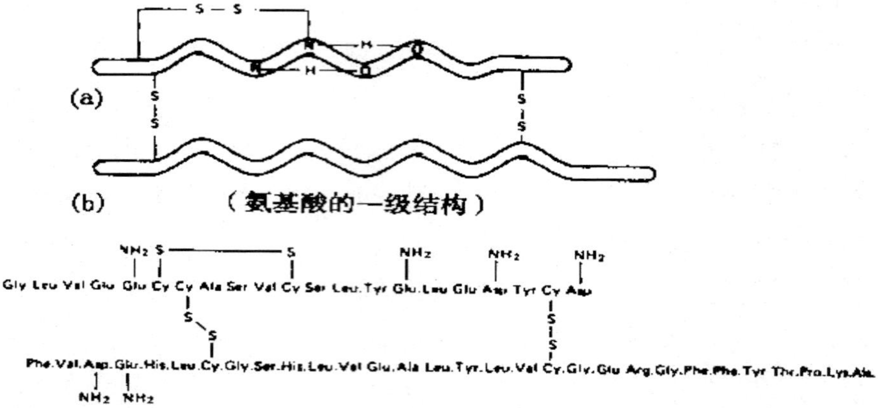

图1　牛胰岛素氨基酸序列图

3.2.4　研究团队进行跨学科研究的有效性

诺贝尔奖得主西蒙曾经说过："只有当两个或更多的不同领域的知识在解决某些特定问题上变得相互联系起来时，富有成效的交叉学科研究才能得以发展。"❶ 在"大科学"时代，一项科学研究往往涉及多学科交叉渗透的领域。跨学科研究也常被译作"学际研究"或"交叉研究"，本意无非是强调这种科学研究是在不同学科领域之间进行的，或者是说这种科学研究需要多学科领域的协同作战，为此必须围绕共同的研究目标，促进不同领域的科学家进行团队合作研究。

研究团队之所以能够适应科学研究规模不断扩大的需要并成为"大科学"时代跨学科研究的重要形式，就在于这一科学组织管理模式实现了团队成员之间的知识互补、能力互补、方法互补和思想互补，表现出强烈的有效性。

研究团队的组织管理模式具有扁平式的特征，它强调其成员之间的平等的、无差异的关系。因此，研究团队的科学家们能够通过灵活而有效的相互沟通的方式，使他们的思想互相碰撞、启发、互补，其效果大大超过通常单独进行跨学科研究的科学家。研究团队内部沟通的方式有两种：正式沟通和非正式

---

❶　赫伯特·A. 西蒙. 科学中的并叉学科研究[J]. 中国科学院院刊,1986,1(3):233.

沟通。研究团队通过书信、书籍、学术杂志、学术会议等交流网络进行正式的沟通，并通过讨论和争辩、暑期培训学校、自由交谈、访问和非正式报告等方式进行非正式的交流和沟通。如果把研究领域中高产科学家的非正式沟通称作"无形学院"，以别于通过学术刊物等正式渠道形成的沟通网络，那么，研究团队内的非正式沟通可以称为小范围机构中的"无形学院"。这种非正式沟通，一方面包含了经常的情感——心理交流，有利于调整群体的人际关系，形成融洽的内部心理气氛；另一方面促使有关的初步设想、不成熟的假说，甚至是偶然的直觉念头、一时的思想火花等，在平常的交谈、讨论中诞生，并发展为新思想、新发现，从而增强了集体的科学创造力。以噬菌体小组为例。当德尔布吕克和卢里亚的噬菌体研究工作取得了一定进展从而引起赫尔希极大兴趣时，赫尔希主要通过与他们交换研究资料的方式进行正式的交流与沟通。❶ 而德尔布吕克为了吸引更多有才华的人，尤其是年轻的学者从事噬菌体研究，同卢里亚等人一起充分利用冷泉港良好的地理条件等因素，举办噬菌体暑期培训学校，并进行各种活动：这种别致的团队沟通方式，使不同学科、不同性格的人在一起相互交流、切磋，从而产生新的思想火花，对整个生物学未来的发展都产生了影响。不仅如此，它还扩大了团队与外界的联系，吸引美国和欧洲的一批"善于表达自己思想的科学家""靠通讯和会议保持密切的联系。他们分享各人的思想、创见、判断与估计，并激励着一批极有才华的学生。"❷ 这种智慧的交流导致了一个重大实验——卢里亚、德尔布吕克的"波动测验"的设计和实施。

可见，研究团队灵活而有效的内部沟通在科学研究尤其是跨学科研究中，具有非常重要的作用。这就对研究团队学术带头人提出了更高的要求：他必须是一位享有很好声誉、受人尊敬的人；他是某一学科的专家，但又不局限于本学科领域；他具有强烈的科学探索精神；他应具备一定跨学科研究的经验；他应有科学敏感性；他能够召集、组织和管理全体成员，能使各学科的科学家相互进行交流，解决学科间的矛盾和冲突；他能够在研究团队和资助机构之间充

---

❶　张家治,等. 历史上的自然科学研究学派[M]. 北京:科学出版社,1993:236-237.
❷　M. 霍格兰. 探索 DNA 的奥秘[M]. 上海:上海翻译出版公司,1984:33-34.

当一个较好的协调人，并与各界保持良好的关系；他能够制定并掌握完成工作的标准。❶

剑桥大学评选委员会在选择卢瑟福的继任者时，就充分考虑了这些情况。尽管当时评选委员们还说不清卡文迪什实验室在下一步向哪个主要研究方向发展最有利，但当时的实际情况决定了向非核物理方向发展更有利。因此，1938年6月他们决定请 W. L. 布拉格出任卡文迪什教授。原因在于 W. L. 布拉格是受卡文迪什实验室的传统和学风培养起来的、富有管理经验的、处事冷静和作风民主的 X 射线晶体物理学家。评选委员们认为他是非核物理的候选人当中最理想的人选，并且相信他主持这个实验室后会逐渐寻找出有利的发展方向，同时还能够维持这个想法复杂的实验室的正常运转。后来的事实也证明，评选委员会的选择是对的。第二次世界大战后，W. L. 布拉格有意识地培植非核物理专业的研究力量，实行多研究方向的战略。经过五六年的努力，分子生物学、射电天文学、金属物理、晶体物理和超导体研究有了迅速的发展，特别是在分子生物学和射电天文学方面取得了可喜的成绩。❷ 同时，他特别注重学术环境和气氛的作用。因此，他主张把研究和教学结合起来，并认为教学过程中应当开展研讨。他说，研讨班以 5 人为一组较好，最多不应超过 10 人，如果人数多到 50 人甚至 100 人，就达不到研讨的目的。❸ 他还注意实验室的组织与管理，实行了专业组系和秘书体制。❹

3.3　研究团队跨学科研究中存在的问题

3.3.1　针对大装置的跨学科研究中存在的问题

研究团队对大装置所进行的跨学科研究产生了许多新的实际问题和原则问题。财力、人力的投入会加深科学问题上的争论，或导致科学上相互捧场的现

---

❶ 朱玟. 美国的跨学科研究[C]. 北京：国外社会科学，1992(2).
❷ 阎康年. 卡文迪什实验室：现代科学革命的圣地[M]. 保定：河北大学出版社，1999：439.
❸ 阎康年. 卡文迪什实验室：现代科学革命的圣地[M]. 保定：河北大学出版社，1999：299.
❹ 阎康年. 卡文迪什实验室：现代科学革命的圣地[M]. 保定：河北大学出版社，1999：613.

象，由此功过是非的评价被抑制，而不考虑许多优秀人才的前途。科学家用新的和复杂的设备使观测能力或计算能力增长了许多倍，但他成了设备，以及同他合作使用设备的人们的奴隶。他在技术上得到多少，就有可能在知识的掌握和探索的乐趣上失去多少。❶

科学仪器的"精密因素"适用的对象是像粒子加速器、反应堆或宇宙火箭系统这样的大装置。科学家为了在实验中得到最大的观测精度，他将竭尽全力提高技法的精度。如果一台5万伏特的电子显微镜能够提供有关组织结构的信息，那么10万伏特的仪器将提供更多的信息。为什么不建造一台25万伏特或50万伏特或百万伏特的显微镜呢？在物理科学方面，大量的研究致力于研制仪器，使得几乎每一台简单方便的仪器都变得复杂、精巧和昂贵。然而，其中相当一部分科学研究是在没有考虑其潜在的实用性的条件下进行的。例如，考虑一下现代基本粒子物理学要耗资数十亿建造巨大的加速器，诸如杰尼瓦或布鲁克黑文建造的加速器。粒子物理学是一个几乎让人看不到有什么经济效益的领域，而且现在，它肯定没有什么经济意义（确切地说，从供给方面讲它没有什么经济意义。当然，就需求而言，它是一个重要的因素：这是导致某些科学家把建设加速器的规划与以前社会建设大教堂的规划相比较的诸多特点之一）。❷

3.3.2 针对大科学工程的跨学科研究中存在的问题

在大科学工程的研究中，时间和规模的压力，对精心计划和管理的需要，使这类研究无异于工业中的研制。科学家的进取心和才华被淹没在考虑全局和分门别类的技术工作之中。组织者或指挥者或许会压制许多独创性见解。

谁能适当地管理这样的研究团队呢？正如我们所了解的，知识界中的科学权威不一定具备在这样大的规模上管理人力和资金的能力。如果说管理工作应由具备真正科学经验的人来做，那么就有充分的理由说，重大的决策不

---

❶ 约翰・齐曼. 知识的力量——科学的社会范畴[M]. 许立达，等译. 上海：上海科学技术出版社，1985：215-216.

❷ 巴里・巴恩斯. 局外人看科学[M]. 鲁旭东，译. 北京：东方出版社，2001：37.

应操纵在非专业"管理人员"的手中。然而，在大科学工程中，科学家的研究越来越服从于"权威"，而这些权威不能真正地对研究团队和他们将获得的结果有所设想，仍然必须以某种方式推测成果并判断哪一个实验最有可能成功。

在这种环境中，"研究训练"意味着什么？在这种团队研究中，其成员如何使科学思维的标志内在化，如创造力和科学鉴定的标准、激进的推测和保守的怀疑之间的平衡？

就团队的自治性和整体性来说，它还缺乏行为的道德标准。因此，将这样一个机构推向新的道路的行政行动，无论是为了理论科学或是为了人类福利，都存在着巨大的人为阻力。

3.3.3 针对复杂科学问题的团队研究中存在的问题

在对复杂的科学问题进行跨学科研究的过程中，研究团队存在着理论和方法论的问题。托马斯·库恩（Thomas S. Kuhn）曾从自己的对社会科学产生广泛影响的、论述常规科学与科学革命交替进行的理论出发，断言在相互竞争或对立的科学理论之间是不可通约的，不同科学共同体所使用的语言之间也是不可翻译的。因此，在对复杂性科学问题的跨学科研究中，不同学科之间难以进行充分交流，它们的合作必然存在空隙和裂痕。❶ 研究团队等集体从事的跨学科研究的成效，反而不如符合条件的个人所从事的同类研究的效果，其原因就在于此。

例如，1973 年 3 月诺贝尔物理奖获得者、华裔科学家杨振宁在耶路撒冷爱因斯坦诞辰 100 周年纪念会上谈到数学和物理学之间的关系时曾说："如果认为数学和物理这两个学科重叠得如此之多，那是不对的。它们有明显不同的价值判断，它们有不同的传统。在基本的概念层次上，它们令人惊异地共享某些概念，但即使在这里，每个学科的生命之力仍然在它们各自的血管中奔流。"❷

❶ 托马斯·S. 库恩. 必要的张力[M]. 纪树立,范岱年,罗慧生,等译. 福建:福建人民出版社,1981.
❷ 杨振宁. 杨振宁文集[M]. 上海:华东师范大学出版社,1998:291-292.

20世纪后半叶粒子物理学的发展表明，规范场也是一个跨学科的、复杂的科学问题，它与数学中的纤维丛理论存在着许多的联系（见表2）。然而，规范场理论与纤维丛理论基本上是由物理学家和数学家各自独立建立起来的。

杨振宁曾经说过："在数学方面，规范场的概念明显地与纤维丛有关的，但我确实不知道什么是纤维丛。"❶ 从物理上说，规范场概念源于一个思想，即物理世界的一些基本对称性应当与每个时空点的不变性概念相联系。事实上，物理学家建立规范场概念的每一步发展，都与描写物理世界的概念紧密相连。麦克斯韦（J. C. Maxwell）的方程是源于电学和磁学的四个实验定律，源于法拉第（M. Faraday）所引入的场和通量的概念。麦克斯韦方程和量子力学导致了规范不变的思想。由相位、对称性和守恒定律这些物理概念所推动的推广规范不变性的思想的尝试导致了非阿贝尔规范场理论。❷

表2　规范场与纤维丛之间联系之对照表❸

规范场术语	纤维丛术语
规范或整体规范	主坐标丛
规范形式	主纤维丛
规范式	主纤维丛上的联络
S	转移函数
相因子	平行移动
场强 f	曲率
源 J	?
电磁作用	U（1）丛上的联络
同位旋规范场	SU（2）丛上的联络
狄拉克的磁单极量子化	按第一陈类将 U（1）丛分类
无磁单极的电磁作用	U（1）平凡丛上的联络
有磁单极的电磁作用	U 非平凡丛上的联络

❶　杨振宁. 杨振宁文集[M]. 上海：华东师范大学出版社,1998:205.
❷　杨振宁. 杨振宁文集[M]. 上海：华东师范大学出版社,1998:242.
❸　杨振宁. 杨振宁文集[M]. 上海：华东师范大学出版社,1998:732.

与此同时，纤维丛这一漂亮的理论是在与物理学界无关的情况下由数学家发展起来的。这对物理学家来说是十分令人惊叹的事。以至于1975年在与陈省身讨论时，杨振宁说："这真是令人震惊和迷惑不解，因为不知你们数学家从什么地方凭空想象出这些概念。"而陈省身听罢，立刻抗议说："不，不，这些概念不是凭空想象出来的，它们是自然而真实的。"❶

由此可见，物理学家与数学家之间的交流是多么的费劲。对于物理学和数学之间重叠的部分，物理学家与数学家之间的交流尚且如此困难，更不用说对不重叠的部分进行所谓的"跨学科"的交流了。

因此，对复杂的科学问题所进行的团队跨学科研究，需要新的方法论。对复杂科学问题的团队研究，从近代科学到现代科学，还原论方法起了重要作用，并取得了很大成功。这种方法是把事物分解开来进行研究，以为低层次和局部问题弄清楚了，高层次和整体问题也就自然清楚了。但复杂性科学问题通常都有层次结构，高层次事物可以具有低层次事物所没有的性质，或者说整体性可以具有其组成部分所没有的性质，也就是通常所说的1+1>2。在把事物分解成部分后，事物的整体性质在部分层次上就可能消失了。这样，即使部分层次上研究得再清楚，还是回答不了整体问题。因此，还原论方法处理不了复杂性的科学问题，需要有新的方法论。否则，把复杂性科学问题简单化，或用研究简单性问题的方法处理复杂性问题，其结果是不会成功的。

美国桑塔费研究所（SFI）的科学家们，就认识到了还原论方法处理不了复杂性问题，需要新的方法。盖尔曼曾说过，对于复杂的高度非线性系统，系统整体行为并不是简单的与部分行为相联系，要有勇气广泛地从各方面关注整体的状况，而不是个别方面的细节。

3.3.4　三类团队跨学科研究中存在的共同问题

在对大装置、大科学工程和复杂的科学问题所进行的团队跨学科研究中，仍然存在着一些有待解决的共同问题。这些问题包括：

（1）同行专家的认可问题。由于学科专业越分越细，研究的问题越来越

❶ 杨振宁. 杨振宁文集[M]. 上海:华东师范大学出版社,1998:242.

专，为了得到同行的认可，研究成果只能在本学科的专业刊物上发表。其他方面的研究成果，不论多么杰出，只要是在其他刊物上发表，都要被视为异端，不被看作是本专业的成果。美国科尔兄弟在他们合作的《科学界的社会分层》❶ 一书中就指出，科学家的专业身份与科学成果的认可之间存在一定的"马太效应"，而不能达到一视同仁的"普遍主义"原则。这种情况，显然限制了许多人向跨学科研究的方向发展。

（2）人才培养方面的专与博的矛盾。在学科割据的传统教育中，无论体制、结构、教学的内容和方式方法、科研，还是课程的设置，都以传统的学科和专业为准绳。它大量生产出单学科或具有狭隘专长和技能的人才，基本上不考虑跨学科人才的教育和培训，也不够重视如何造就一专多能、知识面广博、应变能力强的通才。因此，我们现行的教育制度不是引导学生包括研究生向多学科的或者知识面较广的方向发展，而是朝着比较单一的方向发展，这样就不太容易实现学科交叉。

（3）论文发表问题。这些团队跨学科研究的论文可能署上成打"作者"的名字。这严重违背了科学家理应遵循的科学发现的优先权原则。因为，即使某一成果是57名作者中每一个作者所作出，但这样一篇论文也无法归之于57名作者中的每一个人。科学家的创造性、专门技术和其他科学素质不能通过这种论文来客观地加以判断，因此科学界的内部平衡受到了威胁。这种现象在大装置和大科学工程的研究中尤为明显。

3.4　研究团队促进了跨学科研究的发展

3.4.1　研究团队为跨学科研究培养了多学科人才

由于受到传统的、单一学科教育的制约，目前跨学科研究人才的教育和培养中存在一些有待解决的问题。例如，同行专家的认可问题。由于学科专业越

---

❶　J. 科尔,S. 科尔. 科学界的社会分层[M]. 北京:华夏出版社,1989.

分越细，研究的问题越来越专，为了得到同行的认可，研究成果只能在本学科的专业刊物上发表。其他方面的研究成果，不论多么杰出，只要是在其他刊物上发表，都要被视为异端，不被看作是本专业的成果。这种情况，显然限制了许多人向跨学科研究的方向发展。再如，人才培养方面的专与博的矛盾。我们现行的教育制度不是引导学生包括研究生向多学科的或者知识面较广的方向发展，而是朝着比较单一的方向发展，这样就不太容易实现学科交叉。

研究团队冲破了传统教育模式的束缚，是培养和教育跨学科人才的新途径。研究团队的特点之一是知识结构互补的科学家由于对特定的科学问题感兴趣而聚集在一起。这样，不同学科的各种思想在团队中得到充分地交流，造成一种不同学科、不同专业研究者交流思想、热烈讨论的气氛，形成一种"共生效应"，就是在不受权威约束和专业限制的气氛中，一个团队成员的思想会刺激其他成员联想相继发生，使团队进入最佳创造状态。创造者的灵感孕育一经达到"含情而能达，会景而生心，体物而得神，自有灵通之句，参化工之妙"的饱和程度，只要有某一相关思想偶然启迪，会顿时豁然开朗。苦苦思索解决不了的问题，因受其他成员的启发而茅塞顿开。因此，研究团队显示了科学家们的知识、能力、方法的互补功能，打破了他们的习惯思维，扩大了他们思维的深度和广度，产生了"共生效应"，是培养跨学科人才的重要途径。

卡文迪什实验室向来以培养人才而为世界所瞩目，尤其是第五任卡文迪什教授 W. L. 布拉格在对跨学科人才的培养上成绩更为斐然。W. L. 布拉格认为，他"在科学生活中最纯净的乐趣是看到年轻人头脑中的思想萌芽发展到不可预见的范围，并且见到他的工作得到承认"。他期望和吸引着优秀的人才，当他看到他们有了好的想法时，就给予热心的支持，不仅限于劝告和提供资料、经费与设备，而且直接参与讨论，提出自己的想法，直至审阅实验报告和论文，并且推荐出去发表。有了争论，还尽可能给予支持，排解纠纷。他的多方向发展和民主管理思想，培养了一大批优秀的跨学科人才。J. D. 沃森和 F. 克里克发现了 DNA 大分子的双螺旋结构，奠定了分子生物学的基础；M. F. 皮鲁兹和 J. C. 肯德鲁分别发现生命体的蛋白质大分子结构；M. 赖尔和 A. 休伊什发现了大量的类星体，揭示了未知的中子星和白矮星，不但奠定了射电天文学，而且对天体物理学作出了重要的贡献。❶ W. L. 布拉格对这些跨学科人才的培养，使卡文迪什实验室在核物理之后开发出了一片丰产的新学科领域。

3.4.2　研究团队的管理模式有利于跨学科研究的成功

研究团队是一种开放式的科学合作研究模式。米丘林曾说："我的继承者应该超越我，反对我，甚至在继承我的劳动的同时破除它。只有这样连续不断的破除工作，才能创造进步。"研究团队要求不同的科学家具有开放的思维，并把各自的想法通过讨论班、报告会和自由交谈等形式毫无保留的提出来，接受团队其他科学家的严格批评和检验。研究团队这种自由讨论、不拘一格的开放研究模式，使不同领域的科学家能够很好地凝练出有意义的科学问题，并从中寻找合作研究的共同切入点，从而实现跨学科的研究。如果团队中不同学科的科学家的"热点"不在一个地方，所追求的目标不同，就很难达成共识，就不利于跨学科的研究。

3.4.3　研究团队体现了跨学科研究群体竞争的优势

如果把研究团队看作是一个组织系统，那么这个系统就会产生出它的组分和组分的总和所没有的新性质既整体质。这些性质是"突现的"，即是说它们能够在经验上加以确认，但是不能够从逻辑上推导出来。这些在整体上突现出的新性质反馈作用于部分的层次上，会刺激部分表现出它们的潜在可能性。这就是系统的整体突现原理。极而言之，1+1>2，或整体多于部分之和。研究团队通过跨学科的研究，能够把不同学科的科学家组织起来，并形成一个充满创造意识的研究集体。这样一个集体能够使科学活动有效地集团化和社会化，促使研究团队敢于不断开拓新领域，并形成群体竞争的优势，从而扩大了研究团队的集体影响力，提高了集体科研活动的效率。

研究团队的组织管理模式是扁平式的，而不是金字塔式的。在研究团队内

---

❶　阎康年. 卡文迪什实验室:现代科学革命的圣地[M]. 保定:河北大学出版社,1999:464-465.

部，研究人员与技术人员、固定成员与流动成员、导师与学生，以及不同学科的科学家之间的地位是平等的、无差异的。平等与合作，这是他们之间互相交流的基础。他们不受年龄、性别、民族、宗教、家庭和学科等因素的影响和限制，普通科学家也能向权威科学家提出质疑。同时，研究团队中的良好关系和气氛，极大地激发了团队成员的创造性思维。因此，研究团队的研究模式能够促进团队内不同成员之间进行充分地交流与合作，使团队成员充分发挥出他们各自最大的潜能，从而使团队整体创造出大于他们个体之和的能量。这样，研究团队就能够在良好的环境下进行跨学科的研究，从而取得跨学科的研究成果。

3.4.4 研究团队避免了跨学科研究活动中资源的浪费

进行跨学科研究需要巨大的物力和财力。根据沙伦·特拉维克（S. Traweek）对 SLAC（斯坦福直线加速器中心）的研究，在他所访问的所有实验室，经常能看到一堆不用的设备，并且，当有人需要一只闪烁计数器、一枚磁体或一份软件，他不会去问别人是否有备用件可以借用。沙伦·特拉维克问他们之间为什么不能共享最基本的设备或软件，一个实验物理学家回答说："根本上说我们就是不愿意。"❶ 这种现象在研究团队中是不可想象的。因为，研究团队是一种集约式的组织管理形式。在研究团队中，不同学科的科学家为了共同的跨学科研究目标，相互合作，共享实验仪器、设备等资源。

例如，在 C_{60} 的发现过程中，以克罗托、柯尔和斯莫利为核心的研究团队为了避免资源的浪费，就充分利用了斯莫利所在的赖斯大学的一台十分符合克罗托目的的激光装置。当时，克罗托认为激光蒸发分子源装置十分适合用来证实自己的想法，即用石墨的激光蒸发实验有可能产生碳的长链分子或由几十甚至几百个原子组成的团簇。然而，克罗托小组当时缺乏这种实验装置，而斯莫利刚好具有一台新开发的激光蒸发分子源装置。于是，克罗托通过柯尔向斯莫利寻求帮助，希望能充分利用斯莫利的激光装置来进行实验。而斯莫利最终也答应了，并因此

---

❶ 沙伦·特拉维克. 物理与人理:对高能物理学家社区的人类学考察[M]. 上海:上海科技出版社，2003:135.

而成为克罗托小组的一员。凭借着这台激光装置，1985 年他们开始了石墨的激光蒸发实验，结果第一次在质谱上得到了 C_{60}，以及 C_{70} 的巨大的峰。

小　结

尽管有许多合格的个人研究者在从事高质量的跨学科研究，但个人的知识和技能毕竟有限。许多跨学科研究，尤其是大型的、复杂的跨学科研究，是由研究团队来实施的。实践证明，研究团队是跨学科研究，尤其是它的应用研究的行之有效而又严密灵活的组织管理模式。

研究团队应基于共同的研究目标而建立，并随着共同研究目标的完成而结束。其成员及成员的学科背景，根据共同研究目标的需要来进行选择。因此，研究团队在跨学科研究过程中应非常注意不同学科间的有机的整体化配合，而不是仅仅对各种学科的"材料"进行散乱地堆叠。这样，研究团队中的不同学科的科学家就会逐渐形成跨学科研究所特有的共同语言。虽然在形成期研究团队中不同领域的科学家在相互讨论问题时，常常感觉不适应，缺乏共同的语言和思想共鸣；但随着团队跨学科的不断深入，逐渐出现一种相反的情况：研究团队开始用自己的语言进行交流，而这种语言常常不能被团队以外的人所充分地理解。

研究团队并不专门关注解决迫切的实际问题。但即使是最"基本的"科学问题也被证明是跨学科的。当各种学科扩展其认识范围时，它们将沿着无数的认知和技术途径相互接触、相互交叠和相互渗透。因此，怎样"庖解自然"（carve nature at the joints）的传统形而上学问题，变得越来越难以回答。而且，这同一种不确定性也适应于理论原则和实际程序之间、自然现象和人工制品（human artifices）之间的界限。当研究由大问题导向时，不管是在应用范畴还是基础范畴，它都必然要依靠来自各种学科专家的团队研究活动。❶

以 20 世纪科学的重大突破为例。在 20 世纪重大科学突破的 51 项团队研究中，涉及跨学科研究活动的就达 46 项，占 90.20%。若以 25 年为一个时间段，跨学科研究在团队研究中的比率分别是 66.67%、91.67%、100.00%、

❶　约翰·齐曼. 真科学［M］. 曾国屏,等译. 上海:上海科技教育出版社,2002:86.

93.75%（见表3）。从表3中，我们发现，从一开始跨学科研究在团队研究中的比率为66.67%，接近2/3，此后都在90%以上，这说明跨学科研究活动在团队研究中具有极其重要的地位。

表3　（20世纪重大科学突破中）跨学科研究活动在团队研究中的比重

时间段	团队研究项数	团队研究中跨学科研究项数	比率（%）
1900—1924	9	6	66.67
1925—1949	12	11	91.67
1950—1974	14	14	100.00
1975—1999	16	15	93.75
1900—1999	51	46	90.20

而在20世纪重大科学突破的90项跨学科研究中，由团队进行合作研究而产生重大突破的有46项，占51.11%。若以25年为一时间段，其所占比率分别是28.57%、44.00%、63.64%、68.18%（见表4）。从中我们发现，在第一阶段团队合作研究在跨学科研究中的比率约占1/4，在第二阶段其比率接近1/2，后两个阶段其比率约占2/3。而综合表2和表3，可以发现，随着团队研究的不断增长，跨学科研究的成果也在不断增长。

表4　（20世纪重大科学突破中）研究团队在跨学科研究活动中的比重

时间段	跨学科研究项数	团队研究中跨学科研究项数	比率（%）
1900—1924	21	6	28.57
1925—1949	25	11	44.00
1950—1974	22	14	63.64
1975—1999	22	15	68.18
1900—1999	90	46	51.11

综上所述，可以看到，一方面在研究团队的合作研究过程中，经常涉及跨学科的研究；另一方面在跨学科的研究活动中，有许多研究团队的合作研究。因此，在20世纪科学发展的过程中，团队研究与跨学科研究是相互依赖、相互借鉴、相互联系的。

第四章　研究团队与科学学派的关系

4.1　科学中的学派

4.1.1　科学学派产生的历史必然性

科学学派是科学家的一种特殊的创造性联合，它的出现并非偶然，而是当时欧洲社会的进步、自然科学的发展、工业革命的浪潮、教育和科研体制的改革诸多方面的客观条件准备成熟的必然结果。

近代欧洲各国对科学事业采取了比中世纪开明的政策，这为自然科学的发展提供了比较宽松的社会环境，使得自然科学家在较短的时期里取得了辉煌的成就。弗兰西斯·培根（F. Bacon）在英国倡导实验科学而成为实验科学的始祖。化学家波义耳把化学从炼金术中解放出来。伽利略在意大利最早运用观察和实验取得天文学和物理学方面重大成就。牛顿奠定了经典力学的基础。拉瓦锡阐明了燃烧的"氧化学说"，解除了燃素说多年的困扰，掀起了化学革命。18世纪晚期，蒸汽机的研制发展到工业、交通方面的广泛应用，席卷欧洲各国，形成第一次工业革命。这一系列的发展都直接或间接地影响着教育和科学事业的进程。

那时欧洲传统的大学教育内容和方式，以讲授法律、神学和古典医学等为主。然而，这些内容与社会职业，以及对教育、管理人才的培养方面脱节或质量较差，不能适应社会发展的需要，急需进行教育改革。18世纪末，法国率先实行了一次深刻的教育改革，建立起一批开展科学教育的新型高等学校，成为结合科学教育和开展研究的中心。皇家科学院改为法兰西科学院的一个下属机构，并形成了一种教育与科学研究紧密结合的体制。与此同时，还注意提倡自由探索的科学精神和建立良好的实验室，从而促使法国的科学在 19 世纪初处于世界领先地位。❶

法国教育改革的成功引起了德国的关注。19 世纪初期的德国与世界科学中心的法国相比要落后许多，迎头赶上的出路唯有改革。当时，德国的科学优势不在普鲁士科学院，而是在大学方面。因此，改革自然先在大学里展开。19 世纪初，在德国以洪堡为代表的一批人倡导对经院型的大学制度进行改革，旨在促进师生为追求真理性知识而研究和学习。例如，在德国社会各界的支持下，1809 年建立的柏林大学采用了五条办学的指导原则：一是尊重学术自由；二是强调在科学研究上有卓越成就的优秀学者任教，把教师的唯一任务是教学改为以科研促教学，并以科研为前提；三是对学生的培养和要求，由要求"博览与熟读百家"改为要求掌握科学原理，以培养科学思维的能力和研究的能力；四是强调大学的某些自主性，要求政府不再过多地限制科学研究的范围，而是提供科研所需的条件；五是建立科学家与初学者相互结合的制度。这样，柏林大学一时成为德国教育改革的模式，吉森大学、慕尼黑大学等也纷纷效仿。经过改革，德国的大学最先演变成研究型大学，形成了教师必须进行科学研究，以及训练研究生的一整套制度，大学成为能够根据科学探索的需要和潜力进行学术研究的机构。科学活动在大学中体制化的结果，使得科学研究成为一种社会职业，出现了职业的科学家。与 17、18 世纪的业余科学家不同，他们是以科学研究，以及完成相应的教学任务来获得维持生活的薪金。同时，德国大学中设立了精密自然科学教授讲席，以及与这种教授讲席直接联系在一起的教学实验室；这种教学实验室完全用于精密自然科学的教学与训练，是真正的科学实验研究基地。拥有广泛特权的"教授阶层"以其学术功绩而享有优厚的待遇与显赫的地位，他们以所掌握的实验室为基地，吸引研究助手和学生到实验室接受科学训练和从事前沿领域的研究，形成研究集体。教授通常亲自指导助手和学生制定研究计划、规定研究方向；学生和助手得到教授的关怀

---

❶ 张家治，刑润川. 历史上的自然科学学派[M]. 北京：科学出版社，1993：2.

和帮助，并经教授推荐获得职业或职位晋升。这种训练和研究的方式往往把实验研究与讨论会结合起来，形成一个有意识进行合作与交流的"圈子"，成为真正的科学研究实体。19 世纪 20 年代建立的吉森大学的李比希化学学派，是历史上第一个在组织形态上得到充分发展的科学学派。❶ 1842 年，李比希到吉森大学担任化学教授，他致力于教学和科研相结合，1862 年成功地获得了一个为他专门建立的实验室，这个机构是科学史上实验组织与教育相结合的开端，也是与私人实验室相决裂的第一个研究机构。正是成为一名职业的科学家（首先作为教授身份出现），而且有了其掌握的实验室，李比希才得以吸收众多的门生共同参与研究，从而开拓了一条"进入有机化学黑暗丛林"的通道，并形成一个辉煌的有机化学学派；由此，李比希开创的学派传统尤其是吉森模式迅速被化学界和其他学科承认并被广泛地仿效，他的主要学生如武兹、凯库勒等在 19 世纪中期以后都创建了各自的学派，形成了现代有机化学学科研究极其繁荣的局面。

科学的社会建制化不仅在德国得到实现，在英国、美国，以及许多其他欧洲国家也陆续得到实现。这样，各种不同学科的科学学派不断涌现出来，并相互影响、相互竞争、相互促进。直至 20 世纪，诸学派在推动科学事业的发展上发挥了越来越大的作用。

4.1.2　对科学学派概念发展中一些问题的澄清

科学学派，是指在科学带头人领导下的某一学科方向上具有高度技能的各代研究者的非形式的创造性合作，这种合作基于解决问题方法的统一，基于一定的工作作风和思维方式，基于实现问题的思想和方法的独特性，这种合作在这一知识领域获有重要的成果，赢得声望和社会承认。❷ 作为科学家劳动组织形式的科学学派，不仅过去在科学中占有重要地位，今天在科学中仍然起着明显的作用。然而，科学学派很少在所谓的 19 世纪"第二次科学革命"之前存

---

❶　帕廷顿. 化学简史［M］. 北京：商务印书馆，1976.
❷　赫拉莫夫. 科学中的学派［J］. 陈益升，译. 科学学译丛，1983（1）：40.

在。❶ 因此，17、18 世纪出现的所谓的学派如牛顿学派、林奈学派和牛津生理学派等仅仅是某种思想学说的代名词即思想学派，它们并不是严格意义上的科学学派。因为科学学派概念既包括形成学派的因素，也包括对象—逻辑共同体的因素。从词源上看，"科学学派"术语就含有这种双重性。很明显，"学派"必须以存在老师和学生（即教学）为前提，而"科学的"这一定义必须以确定对象—逻辑共同体为前提。

应该说，19 世纪至 20 世纪 30 年代是科学学派最为繁荣的时期，无论是学派的数量，还是学派所涉及的学科等，都是以往任何历史时期所无法比拟的。对这一时期科学学派的基本情况进行归纳❷，可以找出它们所具有的共同特征：①在一定的学科专业，尤其是在一些分支研究领域出现；②师生关系是其主要的社会结构和联系纽带，导师通常是学派的领袖，成员也相对稳定；③以固定的科学研究机构为依托，但不同于有规章制度的正式机构，类似于机构中的亚群体；④学派内部有频繁而直接的人际互动，不仅表现为有集中的研究计划，共同使用仪器设备、实验材料，有比较一致的研究方法，还表现在人际交往的层面上，如经常召开讨论会、共进午餐、假期共同旅游等，表现出较强的集体精神和社会聚合力。显然，这个时期出现的科学学派与 17、18 世纪的思想学派不同，它们是真正以科学研究为主要活动内容的组织。

随着"大科学"的发展，20 世纪 30 年代后尤其是第二次世界大战后各个学科中已经很少有类似于 19 世纪至 20 世纪 30 年代的科学学派的出现，例如，卡文迪什实验室在 1937 年卢瑟福去世之后再也没有出现过任何"科学学派"。然而，我们也看到，在第二次世界大战之后的自然科学中确实还存在冠以"学派"称号的研究集体如信息学派等。人们有时还在谈论关于无首领的科学学派，例如，正像 K. A. 朗格所说的那样："显然，在这种条件下，所谈的不可能是关于集体的任何'全体人员'。在这里，应该谈论的可能不是关于老师和学生，而是关于学生，以及集体的老师——整个的科学学派。"并且在同一

---

❶ G. L. 盖森. 科学变革、专业兴起和研究学派[J]. 科学史译丛，1987(4):61.

❷ 有关这一时期科学学派的基本情况如活动时间、领导人、主要成员、活动基地和科学成就等，参见：张家治，邢润川. 历史上的自然科学学派[M]. 北京：科学出版社，1993；帕廷顿. 化学简史[M]. 北京：商务印书馆，1976；袁向东，李文林. 哥廷根的数学传统[J]. 自然辩证法研究，1982(2)8.

本书中，K. A. 朗格还谈到某种直接相反的见解："我们认为，科学学派是无形的科学集体……它们的形成和发展首先取决于其奠基者和领导者的个人品质。"❶ 这些无首领的科学学派的出现，反映了现代科学学科交叉、综合的发展趋势，它们无论在形态上还是在活动内容上都与 19 世纪至 20 世纪 30 年代的科学学派不同；它们不再是传统意义上的师生共同体，也不是局限于某个固定研究基地的地方性群体，其成员的流动性很大，并且涉及跨学科的合作。因此，严格来说，不能把这些无首领的研究集体本身称作科学学派。而根据习惯，以及缺乏明确的科学学派概念，人们仍就把从学派范围内发展起来的集体称作科学学派。事实上，这些学派不是依靠首领而是围绕研究对象来进行活动，它们其实就是现代科学的"无形学院"，是现代科学合作与交流增长的体现，也是当代科学活动的社会方式的具体表现。

4.2 研究团队与科学学派的区别

作为科学发展过程中的集体研究模式，研究团队与科学学派都起了重要的作用。然而，科学学派主要是科学发展过程中内生的一种组织形式，而研究团队有内生的，但更多的是外生的，是社会外在控制科学的一种管理模式。这是研究团队与科学学派之间的本质区别。

以师生关系为主要基础的具有地域性的科学学派基本上是小科学时代的产物。科学发展到 19 世纪至 20 世纪 30 年代，尽管有了附属于大学、工业和政府的实验室，也出现了集体研究的形式，但从事科学研究的人数和规模还不是很大，需要的仪器设备相对简单，所耗费的资金也不多。例如，当卢瑟福在 1919 年"分裂原子"，即通过 α 粒子轰击氮原子产生核裂变时，所用的仪器设备仍是由熟练技师在实验工场里制造的，所需费用并不多，能把它拿在手中。这种情况决定了当时科学研究的任务与规模。因此，科学人员流动的范围和规模都不是很大，科学学派作为一个地域性研究群体可以获得相对的稳定性。此

---

❶ 海童. 科学学派概念的历史发展[J]. 陈益升，译. 科学学译丛，1983(3):34.

外，虽然科学的专业化开始出现，但远没达到第二次世界大战后那么高的程度。维纳认为，在 19 世纪，虽说已经不可能出现如 17 世纪的莱布尼茨、笛卡尔那样百科全书式的学者，但至少还有相当一些人的知识和工作能够覆盖巨大的学科分支，导师的权威和在机构中的权力是科学学派存在的关键因素。因此，科学学派是以小科学时代的科学和社会发展状况相适应的，是科学发展内生的组织模式。

第二次世界大战后，科学技术进入了一个飞跃发展的崭新时期，科学研究对象的复杂性不断加强，宏观研究更加扩大，微观研究层次更加深入。从 20 世纪中期开始，交叉学科和边缘学科大量兴起，各门科学之间的空隙逐渐得到填补，其中特别是分子生物学的出现，使物理科学和生命科学之间深邃的鸿沟开始消失。由此，自然界各个层次之间的过渡环节也开始逐一为人们所认识，整个自然科学开始形成一个前沿在不断扩大的多层次的、综合的统一整体。在这种情形下，许多研究项目需要大功率和超精密的仪器设备才能进行，要耗费巨额的资金。例如，1959 年竣工的 CERN（欧洲核研究理事会）的质子同步回旋加速器，其建造耗去了三千万美元，其运行每年还需花费几百万美元，这是规模相当于一个大型钢铁厂或大型汽车装配厂的大科学。同时，由于军事和国际政治的需要，国家对科学的计划和控制越来越强，从而出现了许多巨大的科学工程和研究项目，如各国的航天计划、核研究工程和生物基因工程等。这些因素促使科学事业在规模和结构上都发生了巨大变化，也影响着科学家的科学活动方式。这样，进行科学的集体合作研究就显得有尤为重要。而这种集体性研究的必要性，实验装置的大规模化，反过来要求新的研究体制——研究团队来适应它。

研究团队与科学学派之间存在的这个本质区别，促使两者在其他方面也存在着很大的区别。

一方面，在结构上，研究团队的基本结构是同事关系或合作者之间的关系；而师生关系则是科学学派的基本结构。在团队中，权威科学家与普通科学家之间、核心人物之间主要是一种同事或者合作者关系，他们之间的地位是平等的。在学派中，进入科学领域的年轻人由于被新的思想和方法所吸引，成为大科学家的学生和追随者或合作者。正如兹纳涅茨基所指出的："社会上任何一个学派都是从发现或综合前人未知的真理开始的。如果这种发现具有重大价值，同时又能找到拥护者和追随者（他们承认这种发现并把它传授给下一代），那么我们就触及科学学派的形成。"❶

另一方面，从集体的繁衍和增生来看，科学学派的能力极强，而研究团队则较弱。科学学派中特别明显的贯穿着一代研究者不仅在知识和思想方面，而且在观点和方法方面，即在研究和认识真理的技巧、思想方法和工作作风方面，向另一代研究者进行传授的继承性特征。对于这一点，约里奥-居里做了很好地说明："旧实验室有着潜在的财富：这就是传统，是在交谈和学习时、甚至在纯粹个人体验中积累起来的精神的和道德的资本。在一定的情况下，这些前提的总和为已经作出的发现突然获得正确的解释创造了必要的条件……在具有老传统的实验室里工作的科学家，当其本身尚未意识到的时候，经常利用着我所称之为'潜在财富'的东西。老师和其他同事（无论活着的或者已经离开我们的）在某个时候所表述的思想，经常引起谈话中的回忆，并且自觉或不自觉地渗透到年轻科学家的脑海中。在研究工作期间，这种难得的东西使正确的解释（有时使发现本身）变得更为简单。由此可以清楚地看到，为什么某一发现恰恰是在这样的实验室里才具有极大成功的可能性。"❷ 由于学派精神的传统继承性特征，科学学派的繁衍和增生主要表现为科学学派群体合作方式的移植和创新，科学学派优良学风和精神在新的科学家集团中得到继承、发扬、光大，从而在不同的学科领域形成新的科学学派。研究团队是因科研项目的需求而组建的一种临时性项目小组，当科研项目终止期来临时研究团队即将面临解体，然后根据新的科研项目的需要再组建新的研究团队，而团队精神的继承性特征在新的研究团队中表现得并不明显。由于这个原因，研究团队的繁衍和增生的功能就显得很弱。

---

❶　H. 施泰纳. 科学学派创造活动中的社会因素与认识因素的联系[J]. 科学学译丛, 1987(4) : 30.
❷　赫拉莫夫. 科学中的学派[J]. 陈益升, 译. 科学学译丛, 1983(1) : 36.

4.3 研究团队与科学学派的共同区域

4.3.1 它们都重视科学家群体合作研究在现代科学发展中的作用

由于科学规模的不断扩大，复杂性研究对象的不断增加，科学家的群体合作研究已成为科学的一个重要发展趋势。因为群体合作研究能够极大地开阔科学家的科研视野，并把科学推进到远远超过个人所能独立完成的程度。而科学家对于群体合作研究的热情，导源于科学界的主动精神，导源于为获得更加有力的知识工具而去揭示新的知识，导源于科学精神的魅力。科学史表明，研究团队和科学学派都能有意识地利用其科学共同体声望上和学术上的优势，重视科学家群体合作研究在现代科学发展中的作用。

例如，1924年在接受丹麦最高科学奖——奥斯特勋章时，玻尔曾说过："在大家所谈论的这个科学研究领域中，近年来所取得的进展，有赖于来自不同国度的大量科学家的最密切的合作。正如一条锁链中的各环节一样，这些贡献紧密结合到这样一个程度，以至于任何一个单个的研究者很难说出他的独立贡献。"❶ 从他的这段话中我们可以看出，在玻尔研究所，科学家群体合作研究不仅是玻尔研究所最重要的科研手段之一，并且是其取得成功的重要原因之一。

再如，哥廷根数学学派之所以能够取得巨大成功，原因之一就是其学派领袖、著名数学家克莱茵非常重视科学家群体合作的力量。1886年，当克莱茵受聘来到哥廷根大学之际，他便雄心勃勃地力图把高斯、黎曼在哥廷根所开创的数学传统发扬、光大，并重振哥廷根数学雄风。然而，克莱茵清醒地认识到：如果仅仅像高斯、黎曼那样只关注个人的数学创造和天才，是不足以实现哥廷根数学的目标的；现代数学的发展需要造就一个强有力的数学家集团。因

---

❶ P. 罗伯森. 玻尔研究所的早年岁月[M]. 北京:科学出版社,1985:128.

此，克莱茵来到哥廷根后，便以极大的精力和热情从事科学的组织工作。克莱茵利用自己的学术名望，与政府和工业界建立广泛的联系，各方筹集资金，创建数学研究所，四处收罗人才使哥廷根的数学优势不断得到积累和发展，形成了世界瞩目的哥廷根数学学派。

4.3.2　它们都善于利用"群体竞争"来扩大科学共同体的影响力

研究团队和科学学派的客观存在在科学社会中造成了一种"群体竞争"的态势。为了"获得成功"或者为了提出得到承认的革新，研究团队和科学学派都认识到：它们必须参与外界的对话。而在与外界的对话中，它们必然要接受来自各个方面的挑战。在各种挑战面前，研究团队和科学学派对外都表现为一个排他的、学术竞争的强有力的整体，充分利用"群体竞争"的优势，使科学共同体敢于不断开拓新的领域，并有力量向学术权威挑战。通过这种群体竞争，它们不仅为其新思想争取到了一席生存的空间，还扩大了科学共同体的影响力。

在科学史上，玻尔及其共同体与爱因斯坦的大论战是科学中"群体竞争"的典范。玻尔研究所的科学家们在科学观点方面是毫不妥协的。爱因斯坦一直想推翻量子理论的哥本哈根诠释，而玻尔及其共同体则一直在为他们的量子理论辩护着。对于这场大论战的结果，在玻尔看来，虽然他未能赢得爱因斯坦转向量子理论，但从爱因斯坦的反对中他获益匪浅。"在他（玻尔）思维的每一步发展过程中，来自爱因斯坦的强有力的心灵的微妙的批评，激励着他去更完美地表达他的思想。"❶ 通过与爱因斯坦的大论战，量子理论的哥本哈根诠释不仅在科学界站稳了脚跟，而且扩大了玻尔研究所的影响力。

4.3.3　它们都努力营造一个浓烈创造气氛的小文化环境

在研究团队和科学学派内部，以学术进展为最高目标，集体成员之间畅所欲言，学术上不分孰先孰后，成员间精神上、目标上同一和谐，智力上互补，

---

❶　P. 罗伯森. 玻尔研究所的早年岁月[M]. 北京:科学出版社,1985:147.

既有合作又有竞争，你追我赶，这一切都造就了集体浓烈的学术气氛。卢瑟福学派的午后茶时漫谈会，被认为是该实验室一天中"最美好的时刻"。领袖和成员以平等的地位随意漫谈，在悠闲的思想交流中迸发出智慧的火花。在波兰数学学派那里，"苏格兰咖啡馆"的咖啡桌跟大学研究所和数学会的会场并驾齐驱，成了产生数学灵感的圣地，这种方式被他们自己称为"从事真正数学研究的最基本的因素"。对于哥廷根数学学派开放的学术气氛，闵可夫斯基在一次访问哥廷根时曾说："一个人哪怕只是在哥廷根作一次短暂的停留，呼吸一下那儿的空气，都会产生强烈的工作欲望"。

4.3.4 它们都重视集体的跨学科研究工作

随着科学整体化趋势不断加强和研究对象的复杂性不断加深，跨学科研究逐渐成为科学发展的一大趋势。在这一趋势的指引下，研究团队和科学学派都非常重视集体跨学科研究工作，并利用它为科学发现的产生服务。

在这一方面，以卡文迪什实验室为基地的卢瑟福学派就是一个典范。卢瑟福学派从一开始，就非常重视对不同科学人才的运用。查德威克擅长管理，卡皮查是强磁场设计方面的奇才，考克饶夫具有非凡的科学洞察力和技术洞察力，达尔文则具有非凡的数学才能，狄拉克那独一无二的逻辑能力堪称出类拔萃，而卢瑟福则"善于把各种人才结合成一个科学研究集体"。由于对跨学科人才的重视，卢瑟福学派作出了一系列的科学发现和发明，例如成功地实现了人工转变轻元素或使其原子核发生了嬗变现象，提出了原子核附近存在非库仑力的强力和核势垒，发现了一种元素转变为另一种元素或其同位素和中子，验证了正电子和爱因斯坦的质能等当定律，发明了第一台加速器，并用以实现了很多元素的人工嬗变，发现了氢的同位素氘和氦的同位素氦3，以及发现了重氢原子核的聚变现象，建立高强度的电磁场和低温物理实验室，并作出了早期的许多有关发现。

4.4 科学学派对研究团队的启示作用

随着科学的不断发展，现在比过去任何时候都更加需要科学家的合作，需要许多研究者和科学集体集中力量来解决主要的科学问题。科学研究的集体性，已成为现代科学进步的基础之一。苏联著名物理学家卡皮查曾说过："不能容许自发地发展科学组织，应该研究集体的科学工作的规律性，我们要善于选择具有创造性才能的人。而要做到这一点，就必须以研究广大科学家和科学组织工作者的活动经验为基础……"❶ 因此，对科学学派的研究有助于我们更好地认识对研究团队的产生、形成和发展所进行的研究。

4.4.1　科学学派形成的自组织性对研究团队具有借鉴意义

科学学派形成的自组织主要表现在学派领袖、学派的理论纲领不是通过外部命令如行政手段任命或钦定的，科学学派是科学自身逻辑发展和学派领袖自主创建相结合的产物。

学派领袖既不是任命的，也不是由成员自下而上推选的，而是通过具有聚合功能的学术声望自组织而产生的。卡皮查曾说过："科学史表明，伟大的科学家不一定是巨人，但是，伟大的导师却不可能不是巨人。"科学学派领袖的吸引力，来自于他的才能与个人的崇高道德品质的结合。科学学派领袖的个人品质就是：天资、出色的科学成果、对科学的爱好与忠诚、讲演技巧和教学能力、坚定的目的性、科学的原则性、渊博的知识与广泛的兴趣、高度的文化修养、崇高的道德威望、个人感召力、与人们的关系。科学发展的历史表明，科学家正是由于具备这种品质而成为科学学派领袖的。例如，M·弗兰克就是这样极其直率而明确地描述了苏联著名物理学家 E·塔姆："使伊戈尔·叶夫根耶维奇成为大理论学派领袖的，不仅是他的科学家的才能、特别敏捷的头脑和对一切新事物的强烈兴趣，而且还在很大程度上是他的那种崇高的道德威望和个人感召力。伊戈尔·叶夫根耶维奇对一切从来就不是漠不关心的。他在科学中是非常激情的。然而，这并不是那种力求打破记录的运动家的激情，多半则是那种试图深入未经考察的领域、从地图上抹掉空白点的旅行家的激情。这是一条甚至像伊戈尔·叶夫根耶维奇这样有才干的人也可能遭到失败的道路……他从来没有垂头丧气过，而总是不断发起冲锋。无论是在生活中，或者是在科

---

❶　赫拉莫夫.科学中的学派[J].陈益升，译.科学学译丛，1983(1)：34-35.

学中，他都是一个战士……如果他发现了不公正的事情，如果他碰到了伪科学或对真正科学的侮辱，他就会毫不妥协地以自己的全部精力和声望投入战斗，从而赢得了远远超出物理学界的许多人对他的尊敬。"❶

学派共同体的形成也无须外部命令，而是在一定条件下，依靠科学家之间的相互联系、相互作用自主形成的。在聚集于科学带头人周围的集体中，能够逐渐形成一定的理解现象和解释所取得成果的观点、思维方法和工作作风、传统、特殊的科学气氛，能够取得重大的研究成果，并且根据一定的可能性来实现科学集体向科学学派过度。A. A. 博戈莫列茨曾说："为了建立学派，首先需要的是，具有概括性和综合性思想的杰出科学家。然而，这还不够……还需要合作者。如果他们被自己的领导者的热情所感染，成为领导者的学生，在多年时间内研究领导者提出的各种问题，那么在研究这些问题的过程中，在使这些工作构成统一而和谐的新理论的过程中，就逐渐形成了学派。为此，还需要一个重要的条件：领导者应该允许自己的合作者享有广泛开展批评和充分发挥个人主动性的可能。对自己学生的成就持嫉妒感的科学家，永远也不会创建学派。相反，如果领导者因本人思想的某些方面受到学生的正确批评而感到高兴，那么他就有了一个重要的创建学派的条件……"❷

学派领袖的产生、学派共同体的形成等科学学派形成的自组织性，不仅在理论上而且在实践上，对包括研究团队在内的其他形式的科学集体都具有重要的借鉴意义。

4.4.2 科学学派对人才的教育、培养给研究团队以启示

科学学派对科学发展的重大贡献，就在于它培养了新一代科学家。卡皮查认为："大科学家是大科学家挑选和培养出来的。"科学的历史证明，他的观点是正确的。J. 汤姆逊和费米的学生中各有 6 人获得诺贝尔奖奖金，玻尔的学生中有 7 人获奖，有 11 位诺贝尔奖奖金获得者曾经有幸受过卢瑟福的教导（见图 1）。

---

❶ 赫拉莫夫. 科学中的学派[J]. 陈益升，译. 科学学译丛，1983(1):37-38.
❷ 赫拉莫夫. 科学中的学派[J]. 陈益升，译. 科学学译丛，1983(1):42.

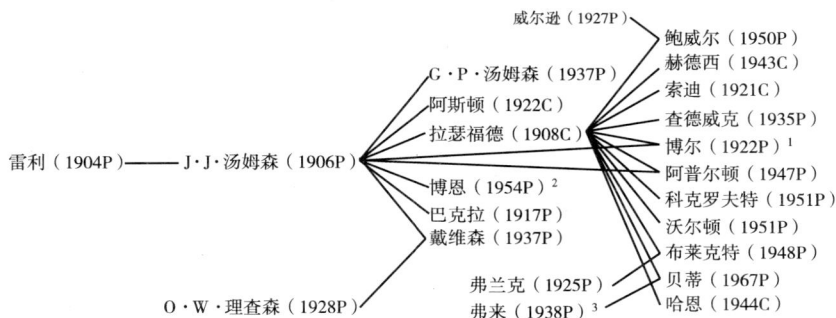

注：括号中的数字和字母表示获奖的年份和部门，P指物理学，C指化学。
① 博尔也是一个培养了很多未来获奖的师傅。下列七位曾在他们的早年时期在哥本哈根随他工作过：费利克斯·布洛克，马克斯·德尔布吕克，维尔纳·海森伯格，列夫·兰多，沃尔夫冈·波利，莱纳斯·波林，和哈罗德·尤里。
② 波利和海森伯都是博尔的学生，他们也跟马克斯·博恩学习过。博恩当过另外两位获奖人的师傅：玛丽亚·戈佩特·迈耶和奥托·斯特恩。
③ 弗米在罗马时曾当过费利克斯·布洛克、汉斯·贝蒂和埃米利奥·塞格雷的师傅，在芝加哥当过欧文·钱伯林、李政道和杨振宁的师傅。

图1　与 J. 汤姆逊和 E. 卢瑟福有联系的诺贝尔奖奖金获得者（1901—1972 年）❶

　　杰出的学派领袖对于学派的年轻成员的希望不是仅仅固守在自己的成就上，而是希望他们发展已有的成就。因此，学派领袖特别注意吸引学生参加学派的创造性活动。较之传授科学知识和技能，他们更注意研究风格和研究方法对学生的影响。他们把学生看作自己的合作者，倾听他们的意见，并给以有益的劝告，他们以自己的榜样行为教育学生如何选择有意义的课题。他们的思维方式已成为造就伟大科学家的最重要的因素。例如，在描述作为青年科学家培育者的 E. 卢瑟福时，他的学生卡皮查写道："卢瑟福作为导师的最优秀的品质，是他的那种指导工作、支持科学家创举、正确评价所取得成果的本领。他对学生评价最多的是独立思考、首创精神和具有个性。同时，还应该认为，卢瑟福利用了一切可能性来向人们表现他的个性。他准备牺牲很多东西，只是为了使人们养成独立思考和首创精神；如果谁能做到这些，他就特别关心和鼓励谁的工作。"❷

❶ 哈里特. 科学界的精英[M]. 朱克曼,周叶谦,等译. 北京:商务印书馆,1979:145.
❷ 赫拉莫夫. 科学中的学派[J]. 陈益升,译. 科学学译丛,1983(1):38.

4.4.3 科学学派利用科学期刊、著述以扩大集体影响力的方式有助于研究团队的发展、壮大

学派领袖常常鼓励其学生在他们专业生涯的早期阶段就以自己的名字发表论文——即使在所发表的研著中学派领袖作出了重要贡献。为此重要的是，科学学派充分利用它在出版界的渠道优势，以便发表它的年轻成员的著作。当他们的训练结束后，已发表过论文的研究生将提高他们在别处谋取职位的候选资格。同时，科学学派还常常创办自己的学术刊物，出版大量的著述，以公布学派的理论观点、学术成果，展示学派的集体风貌，并以此为舆论领地进行学术交流。通过这些传播的途径，加上学派领袖在他的学科里所具有的"人事权"，科学学派的名望和影响力得到进一步的扩大。

例如，科学期刊、著述的出版在波兰数学学派的崛起和发展中的作用就非常令人瞩目。学派领袖雅尼斯柴夫斯基高瞻远瞩，在创建学派时，就充分认识到创办数学刊物的重要意义。经过一番努力，终于在1920年创办了自己的刊物——《基础数学》。而《基础数学》首卷的问世，实际上就标志着波兰数学学派的诞生。这份刊物对学派的发展做出了突出的贡献，"它赢得国际上的重视和合作，它谱写了现代函数论和点集论的历史"。随后，他们又相继创办了《数学研究》《波兰数学会年鉴》等刊物。值得一提的是，1931年他们出版了《数学专著丛书》，这套丛书不久便跻身于最受尊敬的科学出版物之列。波兰数学学派正是利用刊物和著述，向世界数学界展示了自己的力量，吸引了各国的学者，极大地增强了自己的国际声望，促进了国际合作，使波兰数学学派成功地走向了世界数学科学的舞台。

第五章　研究团队建设的制度环境

当前，世界科学技术飞速发展，基础研究的内容不断深化，研究手段不断更新，研究规模不断扩大，跨学科研究的发展致使传统的学科界限变得越来越模糊。科学的发展需要不同学科的科学家进行交流和合作，以前传统意义上的科学家的个人奋斗已不适应目前的科研工作的要求。科学家之间需要合作，并形成有竞争力的研究团队。研究团队是综合实力的体现，是进行重大科研攻关的基础，容易产生创新思想，可以提高工作效率，还可以避免因设备的重复购置造成的人力、物力和财力的浪费。因此，研究团队建设不仅实现了不同科学家知识背景和研究方式的叠加，还可以形成设备和人力资源的当量凝聚。

5.1　研究团队的学术自治环境

5.1.1　倡导学术自由、坚持学术自治是研究团队社会运行的重要条件

宁静致自由，自由成学术。作为一项学术活动的伦理原则，虽然学术自由的形成历经数百年❶，但是它仍然是研究团队等科学集体充满生机和活力的源

---

❶ 中世纪中后期，学术逐步走出宗教的阴影。1670 年斯宾洛莎提出"探讨的自由"（libertas philosophandi），认为人"根据最高的自然法则为其思想的主人"。他的这一主张在启蒙运动中被广泛接受，经洪堡、施莱尔马赫、费希特等人的宣扬和诠释，日渐成为 19 世纪后德国大学的核心大学观之一，其他的三个为"修养、科学、寂寞"。由于德国在当时引领着大学的潮流，美国有大批学生赴德国求学，并按德国模式建立和改造大学，学术自由随之输入。在中国，传播学术自由思想的主将当推蔡元培，他于 20 世纪二三十年代之交在北京大学实行"循思想自由原则，取兼容并包主义"，后被概括成"兼容并包"原则，至今还为人大书特书。

泉。根据国际大学联合会 1998 年 4 月发表的题为"关于学术自由、大学自治和社会责任的宣言"中的定义，学术自由是学术团体中的成员——即学者、教师和学生——有在那个团体决定的框架内根据伦理规则和国际标准来从事他们的活动的自由，而没有任何外部的压力。

然而，对于研究团队而言，学术自由却有多方面的内涵。第一，学术自由是对真理的崇敬和追求真理的无私奉献。研究团队的科学家应该有献身真理的精神，是为了追求真理而追求真理，而不是出于追求经济利益和政治权势的目的去追求真理。同样，任何权力和利益都不能改变研究团队研究的方向和结果，研究团队科学家们的判断不应受任何权威——无论是宗教的权威还是世俗的权威——所左右、所扭曲。坚持真理和崇尚科学应该成为科学家的信条。第二，学术自由应该是对各种不同理论和观点的一种宽容精神。通常，科学的见解是与大众的信念相反的，真理往往掌握在少数人手里，甚至科学家们的发现或结论被常人判断为不可接受和不可容忍的。所以，我们应该培育一个良好的学术氛围，让不同的观点自由地碰撞交锋，百花齐放，百家争鸣。科学的灵感来自论辩，没有不同思想的碰撞就没有真理。学术自由要求我们要加强研究团队与其他科学组织之间、科学家个人之间的多元性、宽容性和学术的协同性，反对任何话语霸权。第三，学术自由既包含作为导师的科学家进行研究和教学的自由，也包含作为学生的科学家学习的自由。我们总是强调作为导师的科学家进行研究和教学的自由的重要性，但是忽视了学生学习的自由。研究团队理应创造各种各样的条件鼓励学生创造性地学习和自主学习。第四，学术自由要求研究团队和科学家个人在进行科学研究和学术评价时应遵循学术道德和国际通行的学术规范和学术标准。学术自由要求科学家的自律。科学家应关爱自然、关爱他人、关爱社会，使我们科学研究的成果有益于人类的现在和未来。在学术研究的过程中，坚持学术道德，尊重和不窃取他人的劳动和学术成果，遵循国际通行的学术规范和学术标准，不浮躁、不浮夸，不做泡沫学问。

对研究团队来说，如果学术自由是必不可少的，那么学术自治则是必要的，这两个方面是密切联系的。研究团队学术自治的原则应该是研究团队需要有一定程度的独立性，外部不应过多的干涉，研究团队有权决定其内部机构的组织和治理、内部资金的分配、非公共来源收入的产生、成员的招聘、入学条件的规定，以及研究团队能够自主地从事教学、科研及国际学术交往活动。

大学之大，在于兼容并包，思想自由；大学之大，不在大楼，而在科学大师。对研究团队而言，又何尝不是如此呢！应当看到，人才辈出、科学大师云集，主要是一种制度文明的产物，不是争功近利的政策能够速成催化出来的。我们经常感慨"五四"新文化背景下，北京大学、清华大学当年的气象。这只是说明学术自由、兼容并蓄这样的科学精神，正是大师生长最为重要的文化环境。因此，倡导学术自由、坚持学术自治无疑是研究团队社会运行的重要条件。

5.1.2　研究团队科学目标与社会目标的协调

科学技术是人类认识自然、改造自然和协调人与自然关系活动的结晶，是社会前进的巨大动力；而反过来，良好的社会与人文环境必然会刺激科学技术的发展。科学技术与社会的关系如此密切，促使科学家不但应该关心自己研究领域的事物，而且应该为社会进步承担道义上的责任。苏联著名科学家谢苗诺夫（A. C. Cemehob）曾说："科学为人类提供了一种伟大的认识工具。它使人类有可能达到史无前例的富裕和绝无仅有的平等。这便成了科学的社会功能最重要和最有成效的关键。因此，科学家的社会责任，也就越来越大了。一个科学家不能是一个'纯粹的'数学家、'纯粹的'生物物理学家或'纯粹的'社会学家，因为他不能对他工作的成果究竟对人类有用，还是有害漠不关心。也不能对科学应用的后果究竟使人民境况变好，还是变坏采取漠不关心的态度。不然，他不是在犯罪，就是一种玩世不恭。"❶ 因此，研究团队的建设应该充分考虑科学目标与社会目标相互协调的问题。

研究团队科学目标与社会目标的协调发展就是要把科学技术、经济和社会看作一个统一的系统，"三位一体"，统筹规划，互相促进，协调节器发展。具体来说，就是经济发展规划要为科学技术发展提出要求、创造条件，开辟资金来源和推广成果的渠道，为科学技术提供发展的物件，而科学技术发展规划

---

❶ 戈德史密斯,马凯. 科学的科学——技术时代的社会[M]. 赵红州,蒋国华,译. 北京:科学出版社,1985:27.

也要最大限度地适应经济和社会发展的需要，积极解决经济和社会性发展中的关键性科学技术问题。科技、经济、社会协调发展是当代社会发展的历史性趋势，它反映了科学技术已渗透到经济、社会各个领域，能对经济与社会发展起巨大作用，同时也反映了科学技术本身也越来越社会化了。

5.1.3 学术带头人产生的机制

研究团队是否真正有成效，能否出显著的科研成果，除其专业结构、年龄结构等是否合理外，在很大程度上取决于在团队内部是否具有重要的特殊功能的人才。这些特殊功能主要为：产生新思想，以及开拓创新的功能；协调人际关系和各种社会要素的功能；收集与沟通信息的功能；指导与辅导年轻科学家的功能。这些难以用工作规范来具体说明和规定的特殊功能，需要有某种特长和气质的人来担负。一般来说，只有特别有才华的科学家，他们可以身兼多种功能，在多个方面同时发挥作用，而学术带头人正是这些特殊功能的承担者。然而，目前，国内研究团队学术带头人大多是通过外部命令如行政手段任命或钦定的。这样很容易导致团队成员识别的模糊性，即团队成员的识别比较困难，有时甚至充满争议。因此，对于研究团队来说，建立一个良好的学术带头人产生的机制是十分必要的。

那么，如何建立一个良好的机制从而使得研究团队学术带头人能够更好地产生呢？笔者认为，研究团队学术带头人既不是行政任命的，也不是由成员自下而上推选的，而是通过具有聚合功能的学术声望及其迷人的气质自组织而产生的。

卡皮查曾写道："科学史表明，伟大的科学家不一定是巨人，但是，伟大的导师却不可不是巨人。"此外，他还指出："……对于将要成为青年领导者、集体科学工作组织者的科学家来说，根据他们的创造性品质来选拔干部，是保证研究工作成功的基本因素……"❶ 由此可以看出，学术带头人是在研究团队的科学研究中自然而然形成的，任何一个学术带头人的吸引力，都是来自于他的才能与崇高道德品质的结合。在笔者看来，这种品质就是：天资、个人出色

---

❶ 拉莫夫. 科学中的学派[J]. 科学学译丛, 1983(1): 37-38.

的科学成果、对科学的爱好与忠诚、讲演技巧和教学能力、坚定的目的性、科学的原则性、渊博的知识与广泛的兴趣、高度的文化修养、崇高的道德威望、个人感召力、诚实、指导工作和坚持首倡精神的能力、与人们的关系。❶

因此，促使研究团队学术带头人顺利产生的关键在于建立一个合理的选拔机制，以便对优秀科学家进行严格的考察。具体说来，笔者认为主要应该从以下几个方面来考察学术带头人：

（1）崇高的道德威望。学术带头人首先应是一名优秀的教师，一名出色的研究者，同时，应具备崇高的道德威望。促使某个科学家成为研究团队学术带头人的，不仅是他的科学家的才能和特别敏捷的头脑，而且还在一定程度上是他的那种崇高的道德威望。卡皮查在谈到他的导师卢瑟福时，曾说："他的思想和品德吸引了年轻的研究生，并且作为一个教师的能力，有助于让他的每个学生发展他们自己的个性。"

（2）对科学的热情。学术带头人在科学中应该是非常热情的。这并不是那种力求打破记录的运动家的热情，而是那种试图深入未经考察的领域、从地图上抹掉空白点的旅行家的热情。学术带头人对研究的科学问题应具有极大的热情、想象力和直觉，因为热情意味着刻苦和钻研力强，想象力是出新的前提，直觉说明洞察力的强弱。一个研究团队要取得成功，其学术带头人必须对自己的研究和团队成员具有强烈的事业心和热情，没有这种出自事业心的热情，就不会有顽强的钻研精神和带动团队其他成员去做出成绩。

（3）学术水平。学术水平表征着学术界对其创造性的研究成果在提供认识新知识的贡献所具有的社会价值或者在为科学技术和生产的发展提供使用价值和经济效益的评价和肯定。学术带头人是研究团队的代表人物，只有学术水平高的学术带头人才有可能带出高水平的队伍。因此，学术带头人必须具有较高的学术水平，有突出的学术成就，在本学科领域的同行专家中有一定的知识和才能，包括本学科扎实的理论基础，相关学科、相关专业的基础理论知识，学术交流能力，掌握现代教学、科研手段的能力，科学研究能力等。知识渊博、能力强、学术水平高的学术带头人使其成员产生钦佩感。激烈的学术竞争

---

❶　赫拉莫夫.科学中的学派［J］.科学学译丛,1983（1）:37.

对学术带头人的学术水平形成自然约束和强化，只有努力增强知识和才干，不断提高学术水平，保持学术领先地位，才能立于不败之地，否则就会被竞争所淘汰。

（4）组织协调能力。在小科学和大科学时代，学术带头人善于组织和管理科学研究对于研究团队来说，均是其取得成功的一个重要因素。学术带头人不仅是一个能干的专家学者，而且擅长于发挥群体优势，激发他人的干劲，其所起的最主要的作用是提高研究团队整体的有效性。因此学术带头人必须是一位强有力的组织者，善于运用组织的力量，协调人力、物力、财力，协调各种社会要素；善于授权，精于授权，充分调动成员的积极性和创造性；善于通过自己的学术研究带动和影响一大批人。组织能力的高低关系到学术带头人能否胜任工作，能否充分发挥集体的智慧和力量，以及获得成就的大小。

（5）个人感召力。强烈的个人感召力体现了学术带头人迷人的个人魅力。学术带头人如果具备了强烈的个人感召力，那么他就能把他的乐观精神、热情和兴趣传给研究团队的其他成员，并且极度关注他们在研究中的情况和进展。因此，学术带头人的个人感召力对于研究团队的成功也是非常重要的一个因素。

5.1.4 研究团队的组织管理模式

一个学术集体一般具有一定的组织形式或组织模式，且各具结构特征。研究团队的组织管理模式是扁平式的，而非金字塔式的。

在研究团队这个小"社会圈子"里，没有正式的领导人，但是一般都有一个或几个核心人物。权威关系是与构成科学活动基础的职业规范相反的。一般认为，在团队内部，科学家彼此之间只能是建议和批评，而不能下命令。❶ 因为他们之间的地位是平等的、无差异的，他们不受年龄、性别、民族、宗教、家庭和学科等因素的影响和限制，普通科学家也可以向权威科学家提出质疑。

---

❶ 黛安娜·克兰认为，在某些情况下，科学家对于别人有权威作用，但是这些人一般并不是以基础科学研究为职业的；他们的大多数可能是研究生，不被看作成熟的科学家，或者研究助手，他们一般没有得到高级职位。

　　某些科学家因为具有很强的动力而使得合作者和研究生能够围绕着他们自己，以便产生大量的研究成果和保证研究工作的连续性。例如，分子生物学的噬菌体研究小组中的德尔布吕克就是如此，他把研究生吸引到这个领域中来，为他们的研究提出指导，取得研究工作继续进行所需的人才资源。这个团队的一个成员曾这样说明团队的研究气氛："一旦开始了噬菌体的研究，我就要继续工作下去，因为看起来在这里能够进行比利用其他材料更有趣的实验。此外，研究这些病毒的人们组成的可爱的群体是非常融洽的；在我们中间，我已经看到也将会看到很细微的竞争秘密和某些窃窃私语；但是，我们所有的人都热衷于彼此之间的合作以推进整个工作。"❶

　　研究团队的成员常常是以他们的兴趣（对于一组问题的特定研究路线有共同的信仰）为基础而聚集在一起的，他们并不以地理上的接近和所属的地位为基础。由于合作研究突破了地域性，研究团队中成员的流动非常频繁。

　　对于研究团队的结构特征，我们可以从布尔巴基学派（Bourbaki）——一个活跃了三十多年的法国数学家研究团队——这个例子中得到说明❷：①在研究领域中提出激进的新方法；②团队成员对于彼此的著作持强烈的批判态度；③道德高尚——那里有许多个人机智，对于幽默和具有智力特点的恶作剧，急速的谈话，以及共同享受精美的法式烹调给予高度评价；④有清楚明确的"研究风格"，那是以评论文献的定期会议为特征的；⑤这个小组有几个声誉极高的核心人物，他们在很长的时间内保持了对团队的献身精神；⑥团队内威信较低的成员之间是经常流动的；⑦在它的全盛时期，吸引新成员毫无困难；⑧虽然团队的许多成员是分散的，团队的活动是集中在他们的核心人物所在的一个或两个研究机构。❸

---

❶　黛安娜·克兰. 无形学院——知识在科学共同体的扩散［M］. 顾昕，等译. 北京：华夏出版社，1988：32.

❷　这个团队有一个不一般的特点是，发表论文使用假名：尼古拉斯·布尔巴基。它的威信很高，以至于对某个数学家来说，只要和团队有非正式的认同，就是一种荣誉，这种荣誉使他能够放弃把自己的名字与自己的出版物联系起来的通常做法。进行有关研究的大多数数学家知道团队成员的姓名。

❸　黛安娜，克兰. 无形学院——知识在科学共同体的扩散［M］. 顾昕，等译. 北京：华夏出版社，1988：33.

5.2 研究团队的投入环境

5.2.1 研究团队需要经费投入

C·特鲁斯德尔曾说过："在我们的时代里，对于实验室的计划、管理、设计和资助的关注，就像战争一样引起人们的重视，原因是其费用惊人，并且需要许多人的支持，这可以说是人类多方面动荡的一个综合征。"❶ 在大科学中，经费投入的总数已经远远超出科学家的薪金。对此，科学家个人是无力支付的。在某些特殊领域，科学家通过知识上的非凡努力，如俗语所说，用"封蜡和绳子"可以完成出色的研究。但是，这并不适合于研究团队中正在从事研究的科学家的情况。现在，业余研究在经济上是不可行的。当一个科学家的研究中需要设备和其他必要条件，而某一机构能提供时，他就为该机构所雇佣，几乎没有其他的选择。但单枪匹马从事科学研究是不能与研究团队等科学集体所从事的研究相比的。因为科研仪器、设备的价格越来越昂贵，现在往往是若干个研究小组共用一个实验室。

应该明白，研究团队科学开支的特点不同于正常生产企业开支。科学费用的任何一笔金额可能是浪费掉了，但是总的来说，整个科学的收益会抵补这笔费用，其比例要比任何其他形式的支出和收益的比例为大。换言之，实际用于研究团队科学研究的经费投入仅为整个社会支出的千分之几或万分之几，可是它却可能是社会收入每年增加百分之几。所以，从长远看来，对研究团队所进行的经费投入是经济的。

必要的经费投入是保证研究团队研究活动持续进行的经济基础。经费投入的重要性在较早的研究团队那里或许并不像今天这样明显，卡文迪什实验室头10年的年度预算不超过1000英镑。但随着科学活动规模的不断扩大、科学研究复杂性的不断增加和仪器设备精密度的不断提高，靠个人或科学共同体提供

---

❶ 约翰·齐曼. 知识的力量——科学的社会范畴[M]. 许立达,等译. 上海:上海科学技术出版社,1985:217.

研究经费已不可能。研究活动必须得到财政支持才能持续发展，这在团队活动中也得到了充分体现。林德曼（F. Lindemann）凭借他与英国政府和工业界的广泛社会联系，为克拉兰敦（Clarendon）实验室争取到了大量的研究资助，并使该实验室成为当时世界闻名的低温物理研究中心之一；而费米的"朋友群"也是在意大利公共教育大臣柯比诺的信赖和资助下才走向成功的。

同时，研究团队的经费投入最好能够有多种渠道或来源。研究团队可以主动地去争取政府、企业和私人等各方面的资金支持。经费投入的渠道多了，研究团队的研究活动自然就有了保障。例如，蒋锡夔课题组为了能在物理有机化学前沿领域两个重要方面——有机分子簇集和自由基化学的研究取得重大科学突破，从1985年开始，他们就主动地去争取多方面的支持。至2003年，他们在18年中从国家自然科学基金委员会、中国科学院和科学技术部共获得了286万元资金资助。此外，他们还曾经为外国公司打工，并得到了20万美元的经费支持。多方面的科技投入，使他们最终在有机分子簇集和自由基化学的研究上取得了重大突破。蒋锡夔院士也因此而获得了2003年国家自然科学一等奖。

5.2.2　研究团队经费投入的多元化体制建设

建立一个令人满意的经费投入体制是研究团队工作的一个不可分割的部分。然而，探讨这样一个制度要比讨论团队管理困难得多，因为研究经费的投入并不是科学本身范围以内的事，而更多地取决于科学事业所在的社会的经济结构。

在社会主义市场经济条件下，我们应该考虑建立一个多元化的经费投入体制。在建立经费投入体制时，研究团队可以争取多方面的支持。

首先，研究团队应争取政府方面的经费投入。一方面，对于纯科学或应用科学研究团队来说，每年至少花费上百万元。面临这样大的经费，财源只能由政府或大工业提供。来自私人或小企业的经费，即使对"小科学"来说，也往往颇感不足。大科学的经费约为上述经费的200倍之多，而空间研究的经费比一般大科学还要大 100 倍。❶ 另一方面，政府方面的研究团队，特别是国家重点研究团队，大多从事最先进和最具开拓性的科学研究，注重解决实际问题，以便使我国能够处在科学发现的最前沿。它们的科研计划一般具有长远目标和前瞻性，具有多学科特性，一般是一些高风险、高回报的科学研究，而这些研究往往规模较大，需要使用大型的仪器、设备。这些既是国家重点研究团队自身职责的具体体现，也是国家利益的具体体现。因此，政府理所当然应该成为研究团队经费投入的重要来源。

其次，研究团队应争取企业方面的经费投入。企业的投入也应该成为研究团队经费投入的来源之一。科技创新是以研究开发为核心的。因此，来自企业的 R&D 经费投入强度是衡量一个国家是否以企业作为技术创新主体的重要指标。在一定程度上，研究团队可以向企业争取"横向"项目所需要的经费，企业也可以加大对研究团队的 R&D 经费投入。对于研究团队和企业来说，这其实是一个"双赢"的举措。一方面，对研究团队来说，经费投入增加了，其研究活动就有了保障；另一方面，对企业来说，这样可以开创技术创新的新局面，并真正成为技术创新的主体。

最后，研究团队也可以争取私人的赠款。研究团队还有第三种经费来源——私人赠款。虽然私人赠款很难加以规划，但它却不失为研究团队经费投入的一个补充来源。

建立这样一个多元化的经费投入体制，研究团队需要的是灵活性、连续性，以及稳定的或不断提高的发展速度。由于科学研究的不可预料的因素，以及各学科之间复杂的相互关系，研究团队如果不进行多方面的体制规划，就有可能造成经费投入困难或造成资金的浪费。因此，研究团队必须建立一个多元化经费投入体制。

5.3 研究团队的人才成长与发展环境

对于一个研究团队是否成功，人才的成长与发展环境被普遍认为是一个极

---

❶ 约翰·齐曼. 知识的力量——科学的社会范畴[M]. 许立达,等译. 上海:上海科学技术出版社,1985:219-220.

其重要的因素。例如，在评价贝尔实验室取得成功的主要因素时，学者们谈得最多的是它的人才因素。贝尔实验室第一任总裁尤厄特在 1932 年曾经指出："除非由经过证明在从自然界中汲取新知识极其有能力的那种类型的人和方法去研究各种问题，否则，很清楚，要取得进展是根本无望的。"他还把该室早年发展慢的原因归之于根本无力取得有训练的合适的人才。1945 年，他甚至呼吁说："一个工业研究实验室没有优秀的人在其中工作，将是一个严重的缺陷。"由此可见，人才对于研究团队来说是何等的重要。因此，人才成长与发展的环境不可避免地成为研究团队建设的一个重要方面。

研究团队人才成长与发展的环境大致可以分为家庭环境、教育环境、集体和社会环境。研究团队人才的培养需要一个长期的过程，人才的发展则需要一个良好的社会化环境。

（1）研究团队人才成长的家庭环境。

家庭环境可以给科学家提供一定的信息量，而足够的信息量是创造力形成和开发的前提。良好的家庭环境能够引导和培养科学家的思维习惯和丰富的想象力。

朱克曼曾对 1901—1972 年美国培养出来的 71 名诺贝尔奖获得者的出身进行了研究，并得出结论：不管是遗传的还是社会的原因，诺贝尔奖奖金获得者的社会出身仍然高度集中在那些能够给予子女提供良好的开端以便获得为制度所承认的机会的家庭里。专业人员的家庭提供了教育和社会的联合优势。❶

由此可见，良好的家庭环境对一个科学家的成长是多么的重要。

（2）研究团队人才成长的教育环境。

良好的教育环境对于研究团队人才的培养具有重大意义。科学家需要良好的知识准备和具备独创性的科学研究能力，而科学家则可以通过选择名牌学校或者求学于名师等途径来获取这些知识准备和研究能力。这是因为，一方面学校不仅提供了系统的教育，而且提供了丰富多彩的进行多次选择的机会；另一方面，虽然名师不一定出高徒，但"大科学家是大科学家挑选和培养出来的"却是"大科学"时代的金玉良言。

---

❶　朱克曼. 科学界的精英[M]. 周叶谦，等译. 北京：商务印书馆，1979：93-97.

（3）研究团队人才发展的集体环境。

一个科学家能否在研究团队中施展才华，发挥其创造力，是与研究团队本身的环境氛围密切相关的。对于科学家来说，与研究团队的相互作用，意味着个人力量的创造性集中。一方面，科学家，特别是年轻的科学家，在转向研究团队时，经常（往往偶然）地体验到明显的"非职业交易者的感觉"。当与新的需求开始冲突时，他们首先"在黑暗中寻路"，并且往往经受着不正常的失望的冲击，就其强度来说与智力震荡相似，他们似乎感觉到面临着突然和紊乱的陷阱。另一方面，许多年轻的科学家具有一种担心他们永远不能在科学上取得任何有价值东西的根据，他们参加研究团队是希望获得促进研究的动因，并且取得成就。例如，沃特松因自己在数学上思维没有能力而感到这种担心，同时指出："但是我希望，在德尔布吕克身边有一天成为哪怕是任何大发现的次要参加者"。❶

因此，作为研究团队的一员，科学家需要寻找适合自己发展的科研环境，也需要去适应自己所处的科研环境。同时，研究团队需要创造出良好的小环境，以便吸引科学家的到来，并为科学家最大限度地发挥其创造性服务。

（4）研究团队人才发展的社会环境。

相对于集体小环境，社会则是科学家能够发展的大环境。社会大环境不但对单个科学家产生影响，而且对于整个研究团队的科学家甚至整个国家的科学家群体的成长和发展产生促进或者制约的作用。

研究团队人才的成长有赖于肥沃的土壤，即宽松的科研环境和浓厚的学术氛围。自然科学的发现与发明，从来都是厚积薄发的结果。科学研究面对自然、社会和人类思维各方面的复杂问题，选题的多样性、发散性是必然的。而且由于科学探索所特有的不确定性和非共识性，"有心栽花花不开、无心插柳柳成荫"的例子举不胜举。因此，国家应该创造良好的、宽松的科研环境，鼓励研究团队的科学家自由选题和探索，支持研究团队的科学家在国家需求和科学前沿的结合上开展基础研究，尊重科学家独特的敏感和创造精神，鼓励他

---

❶ E. 达姆. 从科学作为认识活动形式的发展来看科学学派问题[J]. 陈益升，译. 科学学译丛，1991（1）：25–27.

们进行"好奇心驱动的研究"。

5.4　研究团队的评价系统

5.4.1　影响研究团队评价的一些因素

合理的研究团队评价能为科学研究、奖励、管理提供依据，使团队成员客观了解自身的学术水平和学术影响，使管理决策部门正确地评价研究团队的科学活动，合理制定激励系统，从而保证研究团队积极有效的运行，进而促进科学的发展和社会的进步。

然而，对研究团队的评价并不是一帆风顺的，它要受到科学界的分层现象、冲突现象、马太效应和棘轮效应等诸多因素的影响。

首先，根据科尔兄弟对科学界尤其是美国物理学界的社会分层问题的详细研究，一方面，科学界是由一小群有才智的科学精英统治的，所有的承认形式——奖励、有声望的职位和知名度——都被一小部分科学家所垄断；另一方面，大部分科学家的工作对科学发展的贡献很小。科学界存在的科学家的社会分层，不可避免地会带来一定程度的评价歧视❶。评价歧视的存在是一个远比评价当初它的出现复杂得多的问题。❷ 在研究团队的评价中，科学家可能由于其非科学的地位如种族、性别和宗教等方面的地位而受到歧视。

其次，在科学组织中存在权力、地位、信息、报酬等的不均衡，因此，社会冲突就不可避免地存在着。❸ 科学在成为一种建制后，以个人为主的自由科学研究变成了以组织为主的团队合作研究，科学界的冲突也随着科研组织的发展而日益加剧。科学家容易在他们的时间安排、研究偏好、社会价值观、成就

---

❶　科尔兄弟认为，研究歧视有两个在分析上不同的方面：歧视的行为和歧视的态度。态度上有偏见不一定同时就有歧视行为。

❷　J. 科尔，S. 科尔. 科学界的社会分层[M]. 北京：华夏出版社，1989.

❸　科尔兄弟认为科学界虽然存在社会分层，但却不存在社会冲突，并对冲突理论在科学界的分层现象、功能等观点进行了辩驳。尽管他们的辩驳极具说服力，但他们只强调结果而忽视了很多过程中的冲突。比如，在项目申请的同行评议中普遍存在着马太效应。

评价、经济利益等方面发生冲突，科学共同体内的所有成员都要在冲突面前寻求平衡。由于存在各种冲突，在进行研究团队评价时也就不可避免会出现一定程度的偏差，甚至出现不公平的评价。

再次，科学界普遍存在着马太效应。非常有名望的科学家更可能被认定取得了特定的科学贡献，并且这种可能性会不断增加，而对于那些尚未成名的科学家，这种承认就会受到抑制。一位诺贝尔物理学奖得主在回忆其作为年轻科学家的体验时，曾说："当你没有获得承认时，有些令人气愤的是，当某人和你齐头并进，他发现了显然你也发现的事实时，每个人都给予他予荣誉，仅仅因为他是一位著名物理学家或是其领域的一位著名人物。"❶ 由于马太效应的存在，在进行评价时那些著名的科学家不仅能获得令人羡慕的荣誉和奖励，而且赋予许多特殊的权力和优惠。他们常常能利用自己的学术声望和知名度，获得政府的财政支持，获得科学基金会的赞助，甚至能直接为自己的学生和助手提供机会、职位和经济来源。

最后，科学界还存在着一种对科学家的事业有影响的"棘轮效应"，以至于一旦取得一定的知名度，他们此后就不会远远跌落到此水平以下（尽管他们会被新人超过，因而其声望会相对下降）。❷ 棘轮效应的存在，使得科学界同行对科学家的科学成就的承认变成了一种奖励。在评价时，这种承认可以转化为有用的财富，能够为有名望的科学家带来更多的荣誉和奖励。

5.4.2 加强研究团队评价体系的建设

鉴于在研究团队的评价中存在着诸多的影响因素，建设一个科学、公正、合理的研究团队评价体系就显得尤为重要。为此，我们提出如下一些建议：

（1）积极鼓励和支持针对研究团队的评价机构的建设与发展，建立健全评价机构资格认证制度，以及与科学技术评价工作相配套的制约机制和责任追究机制，以促进评价机构的健康发展。

（2）区别不同评价对象，明确各类评价目标，完善研究团队评价体系。

---

❶ R. K. 默顿. 科学社会学：理论与经验研究[M]. 鲁旭东，林聚任，译. 北京：商务印书馆，2003：613.
❷ R. K. 默顿. 科学社会学：理论与经验研究[M]. 鲁旭东，林聚任，译. 北京：商务印书馆，2003：609.

团队科技评价应坚持以国家目标或科技自身发展目标为导向，针对计划、项目、机构、人员等不同对象，根据国家、部门、地方等不同层次，基础研究、应用研究、科技产业化等不同类型科学技术活动的特点，确定不同的评价目标、内容和标准，采用不同的评价方法和指标，避免简单化和"一刀切"。

（3）在建立健全评价专家资格审查制度的基础上，进一步完善各学科领域专家库的建立与共享。评审、鉴定应由主管部门出面邀请同行专家进行，要小同行，或相近的领域。同时，应要求专家公正、说真话，实事求是。

（4）在评价工作中，严格实行评委回避制度。组织鉴定的研究团队应严格把关，杜绝人情评审。同时，评委不仅不应参加本人及其亲属的科研项目评审，而且不应参加和自己有师承关系的人的科研项目评审。评委如与项目完成人有个人恩怨或利害关系，也应予以回避。

（5）积极推进同行评议，尤其对国家重要研究团队、研究领域或学科及重大项目的评价应邀请国外专家参与。同行评议在推动科学发展和进步的过程中发挥了巨大的作用，然而现行的同行评议并非无懈可击。正如两位美国科学家所说："也许，同行评议已经战线拉得过长，所评议的对象领域是如此不同，以至人们觉得它已失去同行评议的意义，或者，即使该评议的对象领域相同，它亦因评审演讲人和听众的不同而弄得意义各不相同。一些'同行群体'是由科学家、专家组成的，而有一些则包括了来自科学外部的领导人。在某些情况下，同行们表态明确，而在另一些场合，他们只是表示建议或签个名了事。"❶ 因此，我们应从同行评议自身本质中寻找根源，不断完善同行评议。

（6）建立评价意见的反馈机制、评价申诉制度及重大项目评价结果公示制度。这就要求建立受理申诉和进行仲裁的机构。

（7）加强评委信誉制度和评委个人负责制度建设。重大项目的评审应采取记名投票方式，评委名单应分级分类向社会公开，增强评委的荣誉感和社会

---

❶ D. E. Chubin, E. J. Hackett. Peerless Science：Peer Review and U. S. Science Policy[M]. New York：State University of New York Press，1990.

责任感。同时，评委应以书面的形式发表评审意见，不仅应该署名，而且应该负个人责任。

（8）公平对待"非共识"项目。对探索性强、风险性高的项目和创新性强的"非共识"项目应淡化对项目有关的研究基础、可行性分析的评价，为创新性"非共识"项目提供探索性小额资助的机会，促进创新人才脱颖而出，鼓励原始性创新活动。

第六章 案例研究

——以国家重点实验室为例

在"大科学"时代，科学研究日益社会化。尤其是 20 世纪中叶以来，科学研究突破了以往的一切组织形式，形成了社会建制；科研活动的规模在不断地扩大；科研经费在国民经济总收入中所占的比例也在不断地增加。

在西方，各发达国家都非常重视其研究团队与政府、市场和公共领域❶三者关系的统一。而在我国，目前研究团队的简单情况则是：随着我国社会体制从计划经济转向市场经济的转变，政府的职能也有一些改变；企业的研发机构还在发展之中；公共领域目前非常薄弱，涉及研究团队，目前资助的资源配置基本上来自于政府，来自于企业和公共领域等方面的支持还很薄弱。在我国，研究团队的投入基本来源于政府，其主要形式有国家重点实验室、各部门开放实验室和国家自然科学基金委员会资助的科研群体等。

本章将以国家重点实验室为例，通过对其制度环境的几个重要方面进行考察，试图呈现研究团队等研究群体制度环境建设的概貌。国家重点实验室的制度环境主要包括实验室的投入情况、学术自治环境、人才培养和评价等几个方面的内容。

本章之所以选择国家重点实验室作为具体个案进行研究，主要有两个原因。一是在目前国内各种类型的研究团队中，国家重点实验室在很多方面都具有相对比较优势：一方面，国家重点实验室基本上是由国家拨款组织建立的，拥有一批先进的仪器、设备，部分实验室的装备达到了世界一流水平，因而其

---

❶ 公共领域主要包括党派、公共媒体、私立教育科研机构、慈善机构和私人非赢利机构(如私人基金会)等。

物质基础比较雄厚；另一方面，国家重点实验室基本上覆盖了我国基础研究的大部分学科，因而其学术基础也比较好。二是与国内其他研究群体相比，有关国家重点实验室（以下简称实验室）的资料相对齐全，相对翔实，其管理制度也相对规范。

6.1 实验室投入情况

实验室投入情况一般包括建设经费投入、科研经费投入和研究人员投入。实验室各方面投入情况如下：

6.1.1 建设经费投入情况

1995—1999 年实验室的建设经费投入（见表1）为 82506.48 万元，其中国家拨款 53056.21 万元，占 64.30%；部门拨款 12493.34 万元，占 15.14%；实验室自筹 14613.67 万元，占 17.71%；其他来源 2343.26 万元，占 2.84%。国家拨款和部门拨款是实验室的建设经费投入主要来源，这两项合起来占整个建设经费的 79.45%。

表 1　1995—1999 年实验室建设经费投入情况（单位：万元）

	国家拨款	部门拨款	自筹	其他	合计
1995 年	9168.30	1325.65	3387.70	736.10	14617.75
1996 年	9837.20	1211.78	2515.12	652.46	14216.56
1997 年	20467.70	1958.01	1724.62	495.55	24645.88
1998 年	7866.14	3466.80	2607.38	166.86	14107.18
1999 年	5716.87	4531.10	4378.85	292.29	14919.11
合计	53056.21	12493.34	14613.67	2343.26	82506.48

6.1.2 研究经费投入情况

实验室的研究经费包括实验室承担各类科研项目的经费、国家和部门的运行补助费等。科研活动经费是实验室进行科研活动的基础，它体现了实验室的研究能力和竞争能力。

1995—1999 年实验室研究经费投入（见表 2）总数为 296616.83 万元，其中由实验室承担的各类科研项目经费为 244828.14 万元，占 82.54%；国家运行补助费 19597.00 万元，占 6.61%；部门运行补助费为 19577.20 万元，占 6.6%；其他来源为 12614.49 万元，占 4.25%。

表 2　1995—1999 年实验室研究经费投入情况（单位：万元）

	科研项目费	国家运行补助费	部门运行补助费	其他	合计
1995 年	27587.01	1568.50	2679.10	1740.86	33575.47
1996 年	35180.73	2378.00	3862.60	2236.16	43657.49
1997 年	48964.30	3600.50	4069.02	2786.45	59420.27
1998 年	54224.97	4701.50	3953.59	2071.04	64951.10
1999 年	78871.13	7348.50	5012.89	3779.98	95012.50
合计	244828.14	19597.00	19577.20	12614.49	296616.83

从表 2 中可以看出，实验室的研究经费在不断增加，并且科研项目费是实验室研究经费的主要来源。1995 年每个实验室（当年总共有 155 个实验室）的科研项目经费平均为 177.98 万元，国家运行补助费每个实验室平均为 10.12 万元，部门运行补助费每个实验室平均为 17.28 万元，其他经费来源每个实验室平均为 11 万元。

6.1.3　研究人员投入

实验室研究人员投入主要包括固定人员的投入和客座人员的投入。实验室研究人员投入情况如下（以 1995 年为例）：

1995 年，实验室共有固定人员 4388 人，其中研究人员 3201 人，占 72.9%，技术人员 889 人，占 20.3%，管理人员 274 人，占 6.2%，其他 24 人，占 0.5%。实验室固定人员按职称分类，高级职称 2717 人，占 61.9%；中级职称 1114 人，占 25.4%；初级职称 443 人，占 10.1%；其他 114 人，占 2.6%。实验室固定人员按学历分类，博士学位人员 1035 人，占 23.6%；硕士学位人员 1064 人，占 24.2%；学士学位人员 1609 人，占 36.7%；其他 680 人，占 15.5%。平均每个实验室有博士学位人员 6.7 人，硕士学位人员 6.9 人。

考虑到学科不同，研究时间不易定量，客座人员统计的单位是人/月。1995 年实验室客座研究人员总量为 16965 人/月，每个实验室平均为 109 人/月，相当于 4241.3 个客座研究人员在实验室内进行过为期 3 个月的工作，平均每个实验室是 27.3 人；或者说有 1414 个客座人员在实验室进行过为期 1 年的客座研究工作，平均每个实验室 9 人。

在客座研究人员总量中，高级职称占 45.7%，中级职称占 33.2%，初级职称占 10.6%，其他 7%。另外，外籍客座占 3.5%。具有博士学位的客座研究人员占 4657 人/月，相当于有 1164 个具有博士学位的客座人员在实验室进行过为期 3 个月的研究工作，平均每个实验室 7.5 人，或者说有 388 个具有博士学位的客座人员全年在实验室进行研究工作，平均每个实验室 2.5 人；在客座研究人员总量中，具有博士、硕士学位的分别占 27.45% 和 32.27%。外籍研究人员在实验室进行客座研究的工作总量 603 人/月，相当于有 150.8 个外籍研究人员进行了为期 3 个月的工作。

1995 年，实验室所承担的科研项目的人员（固定人员和客座人员）总数为 16701 人/次（含 1 人承担多项的情况），其中固定人员 9103 人/次，占 54.5%，客座人员 7598 人/次，占 45.5%。

从以上数据可以看出，实验室客座人员投入的研究时间要大于固定人员投入的时间，而固定人员平均每人承担的课题项目数则要多于客座人员平均每人承担的课题项目数。

存在的问题：

①虽然政府对实验室的经费投入在不断增加，但与美国联邦实验室相比，政府对实验室的经费投入在政府 R&D 经费中所占的比例还相当低。1998 年，实验室的经费投入包括建设经费投入和研究经费投入在内约为 7.91 亿元。而 1998 年政府 R&D 经费约有 247.34 亿元。1998 年，实验室的经费仅占当年政府 R&D 经费的 3.2%。而美国联邦实验室的年度 R&D 经费在联邦政府 R&D 经费中所占的比例则高达 30%。

②实验室的经费一般来自于政府，其他经费来源所占比例不高，如在美国联邦实验室总经费中，民间基金和企业支持经费所占的份额很小（占实验室总经费的 10%~20%），而在我国国家实验室总经费中，企业支持经费和其他（来源）经费所占的份额则更小（小于 10%）。

③研究经费的投入过分依赖科研项目经费。如果研究方向过分依赖项目目标，实验室就不太可能考虑自身的长远发展。

④从问题②和③中可以看出，实验室还基本处于一个封闭的状态，与企业和私人的联系还比较少。这说明（实验室）科技对经济和社会的促进作用还没有充分发挥出来。

6.2　实验室的学术自治环境

根据《国家重点实验室建设与管理暂行办法》（参见附录 C）第一章第四条规定，实验室是依托大学、科研院所和其他具有原始创新能力的机构而建设的研究实体。因此，它具有相对独立的人事权和财务权。实验室主要有两大职责：保证履行和完成主管部门职责（本实验室职责）和满足国家的需要。因此，实验室的主要任务是根据国家科技发展方针，围绕国家发展战略目标，针对学科发展前沿和国民经济、社会目标及国家安全的重大科技问题，开展创新性研究；其目标是获取原始创新成果和自主知识产权。❶

6.2.1　实验室主任的产生机制

实验室主任是本领域高水平的学术带头人，主任的产生基本上还是由行政任命或指定。根据《国家重点实验室建设与管理暂性办法》第五章第二十条和第二十一条规定，实验室实行"开放、流动、联合、竞争"的运行机制，试行依托单位领导下的主任负责制；实验室主任由各依托单位推荐，主管部门聘任，报科技部备案。

---

❶　参见附录 C:《国家重点实验室建设与管理暂行办法》，第一章第三条。

6.2.2 实验室的管理体制

国家对实验室实行分级分类管理。科技部是实验室的宏观管理部门，其主要职责是：编制和组织实施实验室总体规划和发展计划；制定实验室发展方针、政策和规章，宏观指导实验室的建设和运行；批准实验室的建立、重组、合并和撤消，组织实验室评估和考核；拨发有关经费。❶

国务院部门（行业）或地方省市科技管理部门是实验室的行政主管部门，其主要职责是：贯彻国家有关实验室建设和管理的方针、政策和规章，支持实验室的建设和发展；制定本部门（行业、地方）实验室管理细则，指导实验室的运行和管理，组织实施实验室建设；聘任实验室主任和学术委员会主任；拨发、配套有关经费。❷

依托单位是实施实验室建设和运行管理的具体负责单位，其主要职责是：为实验室提供后勤保障，以及经费等配套条件；负责推荐实验室主任及学术委员会主任，聘任实验室副主任、学术委员会副主任及委员；对实验室进行年度考核，配合科技部和主管部门做好对实验室的评估工作等；根据学术委员会建议，提出实验室研究方向、任务、目标等重大调整意见报主管部门，解决实验室建设与运行中的有关问题。❸

实验室实行"开放、流动、联合、竞争"的运行机制，试行依托单位领导下的主任负责制。学术委员会是实验室的学术指导机构，主要任务是审议实验室的目标、任务和研究方向，审议实验室的重大学术活动、年度工作，审批开放研究课题。❹

实验室实行课题制管理和试行下聘一级的人事制度，研究队伍由固定人员和流动人员组成，少量固定人员以学科、学术带头人（首席专家）为主，按实验室所设学科严格控制其编制，由实验室主任公开聘任。其他研究人员数量由学科、学术带头人（首席专家）根据研究工作的需要和争取到课题的实际

---

❶ 参见附录 C，《国家重点实验室建设与管理暂行办法》，第二章第五条。
❷ 参见附录 C，《国家重点实验室建设与管理暂行办法》，第二章第六条。
❸ 参见附录 C，《国家重点实验室建设与管理暂行办法》，第二章第七条。
❹ 参见附录 C，《国家重点实验室建设与管理暂行办法》，第五章第二十二条。

情况自主聘任，受聘人员作为流动编制经实验室主任核准后，其相关费用由课题组负担。❶

6.2.3 实验室研究方向的确定

实验室的研究方向主要依赖于科研项目尤其是国家项目，如国家攻关计划、863计划和攀登计划等。实验室如果确实需要对其研究方向进行调整，须由实验室主任提出书面报告，经学术委员会和相关学科专家的论证，论证报告经主管部门审核后，报科技部核准。❷

*存在的问题：

①学术带头人的产生一般是一个自然的过程。如果行政部门对实验室干预得过多，可能会产生很多不适合主任职位的实验室主任。

一种是专制式的实验室主任。实验室主任把所有的研究人员都当作他个人的助手，不时向他们规定要执行的任务。这类实验室的内在危险在于：它妨碍独创精神，不能使助手有责任感。就是在这类实验室里，高级人员尽量利用低级人员的工作成果的情况继续存在着，不少人几乎完全是通过巧妙的合作来赢得科学声誉的。

另一种是由于个人能力的不足，实验室主任采取放任自流的态度，致使实验室处于一种无政府状态。在这类实验室里，每一个研究者都是独立工作的，他选择自己的课题，并且仅仅作为一种礼貌向主任提出报告。在完全没有指导的情况下，除了最能干的研究人员之外，大家都面临着做什么，以及怎样去做的问题。他们不得不过分依赖自己的才智。鉴于科学研究一般来说都很难搞，个人的才智可能是十分无济于事的。这类实验室容易培养出一批科学隐士。

②由于实验室基本上是在政府行政部门的控制之下，实验室中很容易产生官僚主义的工作方法，从而出现行政干预过多的局面。科学研究总是去探索未知的事物，很多新的发现不可能事先预知。每个实验室的发展都由政府部门来规划，极大地限制了科学家的潜在创造力。

---

❶ 参见附录C：《国家重点实验室建设与管理暂行办法》，第五章第二十四条。
❷ 参见附录C：《国家重点实验室建设与管理暂行办法》，第四章第十九条。

6.3 实验室的人才培养情况

培养优秀科技人才是实验室的一个重要目标。一直以来，实验室都在不断地培养优秀人才，已经成为高水平科研人才的培养基地。以 1995 年为例。1995 年，实验室总共培养各类人才 8572 人，平均每个实验室 55.3 人，其中在站博士后研究人员 389 人，平均每个实验室 2.5 人；在读博士学位研究生 3218 人，平均每个实验室 20.8 人；在读硕士学位研究生 4965 人，平均每个实验室 32 人。1995 年，实验室共有 2366 名研究生（含出站博士后）毕业，平均每个实验室 15.3 人，其中有 163 名博士后出站；毕业博士 671 人，平均每个实验室 4.3 人；毕业硕士 1531 人，平均每个实验室 9.9 人。

*存在的问题：

①大部分实验室在培养跨学科优秀人才方面比较薄弱。实验室基本是按传统学科和专业来区分的，大多缺乏学科与学科之间的联系与合作，因而难以开展有效的跨学科研究，即使有跨学科研究和重要的研究成果，也难以得到应有的认可和重视。实验室这种按学科分割的体制，擅长与解决单学科的问题，而对综合性的复杂问题往往显得无能为力。

②很多实验室忽视了对年轻技术人才的培养。笔者曾就这一方面问题对国家自然科学一等奖获得者、中科院上海有机化学所计国桢研究员进行过专门的采访。在采访过程中，计国桢研究员认为，现在大多数实验室的技术人员都存在断层的现象，成立时间较早的实验室开始还能依靠一批有经验的老技术人员，但随着那批老技术人员的退休，大部分实验室没有重视对年轻技术人才的培养。从事自然科学研究的人都知道，科学研究工作离不开研究人员和技术人员的通力合作。因此，实验室技术人才的断层将不可避免地成为实验室发展的一个重要瓶颈。

③实验室没有设立专门的人才培养经费。在实验室的经费支出中仅包括劳务支出、业务支出、设备运行与购置支出和其他支出，并没有用于人才培养的经费支出。

6.4　实验室的评价情况

实验室评估是实验室建设与管理工作的重要环节。20 世纪 80 年代末，受原国家计委和国家科委的委托，国家自然科学基金委员会分别承担了实验室的评估，以及实验室和部门开放实验室运行补助费的评审。从 1995 年开始，两类评估工作统一合并，评估工作进一步科学化、规范化、高效化。在为期四年的评估周期内，实验室按照物理、化学、生命、地学工程与材料以及信息等学科，逐年参加统一评估，评估指标体系（见表 3）按照实验室的工作特点分为基础研究和应用基础研究两类。1995—1997 年，同行专家共 1000 多人次应聘参加对 136 个实验室的评估，参评实验室包括 87 个实验室，49 个部门开放实验室，从中评出优秀实验室 19 个、良好实验室 106 个，以及问题较多的实验室 11 个。优秀实验室和良好实验室不同程度地获得了设备更新费和运行补助费，问题较多的实验室则按照评估规则两年后复评，如对存在的问题改进不力，将失去实验室的资格。

自 1999 年开始，实验室每五年评估一次，各学科评估的年度顺序为化学学科、物理学科和地球学科、生命学科、信息学科、工程与材料学科。实验室评估工作委托国家自然科学基金委员会承担，并由其根据科技部下达的评估计划，按照新的《国家重点实验室评估规则》（参见附录 D）进行评估。

目前，国家对实验室的评估主要根据以下几个步骤进行：

首先，依托单位每年对实验室工作进行年度考核，考核结果报主管部门备案。

其次，在年度考核的基础上，科技部定期组织实验室周期评估，评估工作委托中介机构按不同领域，本着"公开、公平、公正"和坚持"依靠专家、发扬民主、实事求是、公正合理"的原则进行。

最后，按照优胜劣汰的原则，对被评估为优秀的部门（地方）实验室，符合实验室总体规划的，可申请升级为实验室；对评估成绩差、不符合要求的实验室，将予以降级或淘汰。

表 3　实验室评估指标体系

指　标	权　重	要　点
研究水平与贡献	50%	总体定位和研究方向、承担任务 代表性研究成果
队伍建设与人才培养	30%	队伍结构与团队建设 实验室主任与学术带头人 人才培养
开放交流与运行管理	20%	公用平台 学术交流 运行管理

＊意见和建议：

①建立淘汰机制是必要的，但一次评审不足以作为淘汰的依据，因而淘汰比例不宜过高。

②应简化评估指标和评估程序，突出对成果和人才培养的评价，淡化过于细致的数量统计工作，真正体现"以评促进、以评促改"的目标。

③评估指标应充分考虑不同类别实验室的区别，评估过程中应将专利、完成国家重大任务、论文等纳入指标体系，考虑到实验室促进经济发展的目标，应将工业界购买实验室的专利数量纳入指标体系，指标仅适合于实验室的整体情况，并不适合于个案。

④鉴于基础研究工作需要较长时期的、稳定的发展环境，评估周期还应更长些，可以考虑以 8 年或 10 年为一个周期。

小　结

在现代"大科学"时代，新的学科和领域不断涌现；大量综合性研究课题不断出现，要解决这些综合性课题，需要完成多方面的任务，常常涉及多学科的知识。许多研究课题需要大功率、超精密的仪器和设备才能进行，需要耗费巨额资金。

经过近二十年的发展，实验室更多地是服从于国家目标导向。实验室的强管理目标要求科学家利用大功率、超精密的仪器和设备进行跨学科的研究。实验室的这种强管理目标更适合于进行"大科学"的研究，"小科学"的研究在这里很难得到发展。

因此，为了促进实验室科学目标与国家、社会目标的协调发展，国家应为实验室营造有利于原始性创新的宽松环境，增加经费投入；在促进实验室开放方面部署相应计划，如设立实验室开放基金等；加大仪器设备更新改造的力度；积极推进规模较大、多学科交叉集成的实验室的建设；重视对实验室的评价，改革那些不适应实验室发展的评价指标和评价程序，真正体现"以评促进、以评促改"的目标。实验室自身也应根据"大科学"时代要求拓宽研究方向；革新研究方法和手段；重视对跨学科人才和年轻技术人才的培养；遴选、吸纳高水平人才。

参考文献

[1] 阎康年. 卡文迪什实验室:现代科学革命的圣地[M]. 保定:河北大学出版社,1999.

[2] 阎康年. 贝尔实验室:现代高科技的摇篮[M]. 保定:河北大学出版社,1999.

[3] 阎康年. 卢瑟福与现代科学的发展[M]. 北京:科学技术文献出版社,1987.

[4] 阎康年. 原子论与近现代科学[M]. 北京:高等教育出版社,1993.

[5] 莫少群. 两度辉煌——费米学派[M]. 武汉:武汉出版社,2002.

[6] 李三虎. "热带丛林"苦旅——李比希学派[M]. 武汉:武汉出版社,2002.

[7] 关洪. 一代神话——哥本哈根学派[M]. 武汉:武汉出版社,2002.

[8] 赵万里. 现代"炼金术"的兴起——卡文迪什学派[M]. 武汉:武汉出版社,2002.

[9] 王蒲生. 英国地质调查局的创建与德拉贝奇学派[M]. 武汉:武汉出版社,2002.

[10] 李心灿,等. 数坛英豪[M]. 北京:科学普及出版社,1989.

[11] 王自华,桂起权. 海森伯传[M]. 长春:长春出版社,1999.

[12] 李醒民. 科学的革命[M]. 北京:中国青年出版社,1989.

[13] 刘仲林. 现代交叉科学[M]. 杭州:浙江教育出版社,1998.

[14] 21世纪初科学发展趋势课题组编. 21世纪初科学发展趋势[M]. 北京:科学出版社,1996.

[15] 金吾伦. 跨学科研究引论[M]. 北京:中央编译出版社,1997.

[16] 成思危. 复杂科学与管理,复杂性科学探索[M]. 北京:民主与建设出版社,1999.

[17] 杨振宁. 杨振宁文集(上)[M]. 上海:华东师范大学出版社,1998.

[18] 杨振宁. 杨振宁文集(下)[M]. 上海:华东师范大学出版社,1998.

[19] 高策. 走在时代前面的科学家——杨振宁[M]. 山西:山西科学技术出版社,1999.

[20] 张家治,刑润川. 历史上的自然科学学派[M]. 北京:科学出版社,1993.

[21] 李喜先,等. 科学系统论[M]. 北京:科学出版社,1985.

[22] 中国科学技术培训中心. 迎接交叉科学的时代[M]. 北京:光明日报出版社,1986.

[23] 胡作玄. 布尔巴基学派的兴衰——现代数学发展的一条主线[M]. 北京:知识出版社,1984.

[24] 郭传杰,李士. 维护科学尊严[M]. 长沙:湖南教育出版社,1996.

[25] 谢恩泽,赵树智,刘永振. 交叉科学概论[M]. 济南:山东教育出版社,1991.

[26] 路甬祥. 百年科技回顾与展望——中外著名学者学术报告[M]. 上海:上海教育出版社,2000.

[27] 中科院自然科学史所. 科技发展的历史借鉴与成功启示[M]. 北京:科学出版社,1998.

[28] 吴国盛. 科学的世纪[M]. 北京:法律出版社,2000.

[29] 吴芝兰,郑钦贵. 诺贝尔物理学奖奖金获得者[M]. 福州:福建教育出版社,1983.

[30] 张文卿,王希明,胡国宝. 诺贝尔奖奖金获得者传略[M]. 济南:山东教育出版社,1986.

[31] 郭弈玲,沈慧君. 诺贝尔物理学奖[M]. 北京:高等教育出版社,1999.

[32] 郭弈玲,沈慧君. 诺贝尔奖的摇篮——卡文迪什实验室[M]. 武汉:武汉出版社,2000.

[33] 赵功民. 外国著名生物学家传[M]. 北京:北京出版社,1987.

[34] 郭保章. 中国现代化学史略[M]. 南宁:广西教育出版社,1995.

[35] 魏凤文,申先甲. 20 世纪物理学史[M]. 江西:江西教育出版社,1994.

[36] 孙荣圭. 地质科学史纲[M]. 北京:北京大学出版社,1984.

[37] 吴彤. 生长的规律——自组织演化的科学[M]. 济南:山东教育出版社,1996.

[38] 张九庆. 自牛顿以来的科学家:近现代科学家群体透视[M]. 合肥:安徽教育出版社,2003.

[39] 张奠宙,赵斌. 二十世纪数学史话[M]. 北京:知识出版社,1984.

[40] 张奠宙. 20 世纪数学经纬[M]. 上海:华东师范大学出版社,2002.

[41] 朱长超,江世亮. 现代科学技术新概念手册[M]. 杭州:浙江科学技术出版社,1989.

[42] 李盛,黄伟达. 构筑生命:蛋白质、核酸与酶[M]. 上海:上海科技教育出版社,2001.

[43] 黄艳华,江向东. 睿智神工:基本粒子探测[M]. 上海:上海科技教育出版社,2001.

[44] 吴鑫基,温学诗. 宇宙佳音:天体物理学[M]. 上海:上海科技教育出版社,2001.

[45] 郑仁蓉,朱顺泉. 认识原子核:核物理与放射化学[M]. 上海:上海科技教育出版社,2001.

[46] 李佩珊,许良英. 20 世纪科学技术简史[M]. 北京:科学出版社,1999.

[47] 刘大椿. 科学哲学[M]. 北京:人民出版社,1998.

[48] 张利华. 从若干重要学科前沿的比较研究谈我国基础科学学科政策[J]. 自然辩证法研究,1998(4).

[49] 鲍健强. 现代科学学派形成的机制和特点[J]. 科学技术与辩证法,1989(6).

[50] 朱玫. 美国的跨学科研究[J]. 国外社会科学,1992(2).

[51] 袁向东,李文林. 哥廷根的数学传统[J]. 自然辩证法研究,1982(2).

[52] 李文凯. 美国联邦实验室经费来源[J]. 全球科技经济瞭望,2004(1).

[53] 国家统计局,科学技术部. 中国科技统计年鉴——2001[M]. 北京:中国统计出版社,2002.

[54] J. D. 贝尔纳. 科学的社会功能[M]. 林体芳,译. 北京:商务印书馆,1982.

[55] 康斯坦西·瑞德. 希尔伯特[M]. 袁向东,等译. 上海:上海科学技术出版社,1982.

[56] 岩崎允胤,宫原将平. 科学认识论[M]. 哈尔滨:黑龙江人民出版社,1984.

[57] 坂田昌一. 坂田昌一科学哲学论文集[M]. 安度,译. 北京:知识出版社,1987.

[58] 约翰·齐曼. 真科学[M]. 曾国屏,等译. 上海:上海科技教育出版社,2002.

[59] 西罗卡诺夫等. 现代科学的发展规律性与认识方法[M]. 上海:复旦大学出版社,1984.

[60] 埃德加·莫兰. 复杂思想:自觉的科学[M]. 陈一壮,译. 北京:北京大学出版社,2001.

[61] D. 普赖斯. 小科学,大科学[M]. 宋剑耕,等译. 北京:世界科学出版社,1982.

[62] 加兰·E. 艾伦. 20世纪的生命科学史[M]. 田洺,译. 上海:复旦大学出版社,2000.

[63] 托马斯·S. 库恩. 必要的张力[M]. 纪树立,范岱年,罗慧生,等译. 福州:福建人民出版社,1981.

[64] J. 科尔,S. 科尔. 科学界的社会分层[M]. 赵佳苓,等译. 北京:华夏出版社,1989.

[65] M. 霍格兰. 探索DNA的奥秘[M]. 上海:上海翻译出版公司,1984.

[66] 约翰·齐曼. 知识的力量——科学的社会范畴[M]. 许立达,等译. 上海:上海科学技术出版社,1985.

[67] 巴里·巴恩斯. 局外人看科学[M]. 鲁旭东,译. 北京:东方出版社,2001.

[68] 沙伦·特拉维克. 物理与人理:对高能物理学家社区的人类学考察[M]. 上海:上海科技出版社,2003.

[69] 沃尔德罗普. 复杂:诞生于秩序与混沌边缘的科学[M]. 陈玲,译. 北京:生活·读书·新知三联书店,1997.

[70] I. 普利戈津,等. 国外社会科学编辑部编. 软科学研究[M]. 北京:社会科学文献出版社,1988.

[71] 罗伯特·奥本海默. 真知灼见——罗伯特·奥本海默自述[M]. 胡新和,译. 上海:东方出版中心,1998.

[72] 帕廷顿. 化学简史[M]. 北京:商务印书馆,1976.

[73] 洛伊斯·N. 玛格纳. 生命科学史[M]. 李难,等译. 北京:百花文艺出版社,2002.

[74] 贝尔纳. 历史上的科学[M]. 伍况甫,等译. 北京:科学出版社,1983.

[75] P. 罗伯森. 玻尔研究所的早年岁月[M]. 北京:科学出版社,1985.

[76] 哈里特. 朱克曼. 科学界的精英[M]. 周叶谦,等译. 北京:商务印书馆,1979.

[77] 戈德史密斯,马凯. 科学的科学——技术时代的社会[M]. 赵红州,蒋国华,译. 北京:科学出版社,1985.

[78] 黛安娜·克兰. 无形学院——知识在科学共同体的扩散[M]. 顾昕,等译. 北京:华夏出版社,1988.

[79] R. K. 默顿. 科学社会学:理论与经验研究[M]. 鲁旭东,林聚任,译. 北京:商务印书馆,2003.

[80] 沃森. 双螺旋:发现 DNA 结构的故事[M]. 北京:科学出版社,1984.

[81] 杰里·加斯顿. 科学的社会运行[M]. 顾昕,等译. 北京:光明日报出版社,1988.

[82] P. 穆尔. 天文史话[M]. 张大卫,译. 北京:科学出版社,1988.

[83] S. R. 威尔特,M. 裴利普. 现代物理学进展[M]. 魏凤文,等编译. 长沙:湖南教育出版社,1990.

[84] 斯帝芬·P. 罗宾斯. 组织行为学[M]. 孙健敏,等译. 北京:中国人民大学出版社,1997.

[85] H·乍克曼. 诺贝尔获奖奥秘[M]. 北京:教育科学出版社,1987.

[86] 时事出版社选编. 本世纪二十项科学发现[M]. 北京:时事出版社,1986.

[87] J. 丹弟斯,S. 米歇尔,E. 吐梯尔. 科学家传记百科全书[M]. 刘劲生,张益龙,等译. 成都:四川辞书出版社,1992.

[88] 海童. 科学学派概念的历史发展[J]. 陈益升,译. 科学学译丛,1983(3).

[89] K. 库拉托夫斯基. 波兰数学五十年[J]. 数学译林,1982(2).

[90] 洛伦·R. 格雷厄姆. 苏联研究机构的形式:革命创新和国际借鉴的混合体[J]. 科学史译丛,1980(2).

[91] 渡边正雄. 日本在国际科学界中的崛起[J]. 科学史译丛,1980(2).

[92] 赫伯特·A. 西蒙. 科学中的并叉学科研究[J]. 中国科学院院刊,1986,1(3).

[93] 赫拉莫夫. 科学中的学派[J]. 陈益升,译. 科学学译丛,1983(1).

[94] G. L. 盖森. 科学变革、专业兴起和研究学派[J]. 科学史译丛,1987(4).

[95] H. 施泰纳. 科学学派创造活动中的社会因素与认识因素的联系[J]. 科学学译丛,1987(4).

[96] 米库林斯基,里赫塔. 科学家与科学集体[J]. 李兴权,译. 科学学译丛,1983(4).

［97］卢阿·N. 马格纳. 沃森、克里克及其 DNA 双螺旋模型［J］. 王水平,等译. 科学史译丛,1983(3).

［98］Michael M. Beyeriein , Douglas A. Johnson , Susan T. Beyerlein. Team Development［M］. JAI PRESS INC,2000.

［99］Michael M. Beyeriein , Douglas A. Johnson , Susan T. Beyerlein. Team Performance Management［M］. JAI PRESS INC,2000.

附录 A　20 世纪重大科学突破统计

年代	科学突破	学科	核心人物	交叉情况	团队合作
1900	量子论	物理	普朗克（M. Planck） 到玻尔（N. Bohr）	物理、化学	
1901	催化理论	化学	奥斯特瓦尔德 （F. W. Ostwald）	物理、化学	
1902	测度论积分理论	数学	勒贝格 （H. L. Lebesgue）	统计、物理	
	经典统计物理学	物理	吉布斯 （J. W. Gibbs）		
1903	集合论悖论	数学	罗素 （B. A. W. Russell）		
1904	条件反射学说	生物	巴甫洛夫 （I. P. Pavlov）		
1905	狭义相对论	物理	爱因斯坦 （A. Einstein）		
1906	发现神经元结构	生物	谢灵顿 （C. S. Sherrington）		
1907	赫罗图	天文	赫斯普龙 （E. Hertzsorung）	统计 天文 物理	
1908	发现太阳磁场	天文	海尔 （G. E. Hale）	天文、物理	G. E. Hale W. S. Adamas

续表

年代	科学突破	学科	核心人物	交叉情况	团队合作
1909	开创化学疗法	生物	埃尔利希 （P. Ehrlich）	生物、化学	
1910	基因论	生物	摩尔根 （T. H. Morgan）		T. H. Morgan 布里吉斯
1911	发现超导电现象	物理	卡默林昂奈 H. Kamerlingh-Onnes		H. Kamerlingh-Onnes G. Holst
	提出原子有核模型	物理	卢瑟福 （E. Rutherford）	物理、化学	E. Rutherford H. Geiger
	发现宙斯射线	物理	赫斯（V. F. Hess）	物理、化学	E. Marsden
1912	大陆漂移说	地质	魏格纳 （A. L. Wegener）	地质、物理	M. V. Laue
	发现 X 射线衍射	物理	冯·劳厄 （M. V. Laue）	物理、化学	W. Friedrich P. Knipping
1913	探索放射性同位素作为示踪物的用途	化学	赫维西 （G. C. V. Hevesy）	化学、生物	G. C. V. Hevesy F. A. Pareth
	提出布拉格定律	物理	布拉格 （W. L. Bragg）	物理、化学	W. H. Bragg W. L. Bragg
1914	谷登堡界面	地质	谷登堡 （B. Gutenberg）	地质、物理	
1915	广义相对论	物理	爱因斯坦 （A. Einstein）	物理、数学	A. Einstein Grossmann
1916	建立恒星内部结构理论	天文	爱丁顿 （S. A. S. Eddington）	物理 天文数学	

附录 A　20 世纪重大科学突破统计

年代	科学突破	学科	核心人物	交叉情况	团队合作
1917	发现噬菌体	生物	德雷尔 （F. D'herelle）	生物、化学	
	精神分析	生物	弗洛伊德（S. Freud）	生物、心理	
1918	银河系模型	天文	沙普利（H. Shapley）	天文、物理	
1919	发现免疫因子	生物	博尔德 （J. J. B. V. Bordet）		
1920	高分子概念	化学	施陶丁格 （H. Staudinger）		
1921	发现大气臭氧层	地质	法布列 （C. Fabry）	地质、物理 化学	
1922	生命起源	生物	奥巴林（A. L. Oparin）	生物、化学	
1923	化学键理论	化学	路易斯（G. N. Lewis）	化学、物理	
1924	电子自旋	物理	乌伦贝克 （G. E. Uhlenbeck）		G. E. Uhlenbeck S. Goudsmit
1925	量子力学	物理	海森伯 （W. K. Heisenberg）	物理、数学	W. K. Heisenberg M. Born P. Jordan
1926	量子统计	物理	费米（E. Fermi）	物理、统计	
1927	化学键的量子理论	化学	伦敦（F. London）	化学、物理	F. London W. Heitler
	北京人遗址	地质	裴文中	地质、生物	裴文中和步林 （瑞典）等人
1928	等离子体	物理	朗谬尔（I. Langmuir）	化学、物理	
	地幔对流说	地质	霍尔姆斯 （A. Holmes）	地质 化学 物理	
	发现青霉素	化学	弗莱明（A. Fleming）	生物、化学	

续表

年代	科学突破	学科	核心人物	交叉情况	团队合作
1929	哈勃定律 量子场论	天文 物理	哈勃（E. P. Hubble） 海森伯 （W. K. Heisenberg）	天文、物理 物理、化学	W. K. Heisenberg W. Pauli
1930	不完全性定律	数学	哥德尔（K. Godel）		
1931	半导体理论	物理	威尔逊 （A. H. Wilson）		
1932	提出分子轨道理论 发现中子	化学 物理	马利肯 （R. S. Mulliken） 查德威克 （J. Chadwick）	物理、化学 物理、化学	R. S. Mulliken F. Hund J. Chadwick E. Rutherford
1933	测度概率论	数学	柯尔莫哥洛夫 （A. N. Kolmogorov）		
1934	原子轨道法	化学	鲍林（L. C. Pauling）	化学、物理	
1935	生态系统	生物	坦斯利 （A. G. Tansley）	生物、物理 化学	
1936	图灵计算 免疫球蛋白	数学 生物	图灵（A. M. Turing） 蒂塞留斯 （A. W. K. Tiselius）	生物、化学	
1937	综合进化论	生物	杜布赞斯基 （T. Dobzhansky）		
1938	核的裂变和聚变	物理	哈恩（O. Hahn）	物理、化学	O. Hahn F. Stramann
1939	根据广义相对论预言黑洞 恒星核能源 行星波理论	天文 天文 地质	奥本海默 （J. P. Oppenheimer） 贝特（H. A. Bethe） 罗斯贝 （C. G. A. Rossby）	天文、物理 天文、物理 化学 地质、物理	

续表

年代	科学突破	学科	核心人物	交叉情况	团队合作
1940	地球分层模型	地质	布伦 （K. E. Bullen）	地质、数学 物理	布伦及其老师 （发明走时表）
1941	发现三磷酸腺苷	生物	李普曼 （F. A. Lipmann）	生物、化学	
1942	立体构象分析	化学	哈塞尔（O. Hassell）		
1943	河外星系	天文	巴德（W. H. Baade）		
1944	博弈论	数学	冯·诺伊曼 （J. Von Neumann）		J. Von Neumann O. Morgenstern
1945	发现神经脉冲的本质	生物	霍奇金 （A. L. Hodgkin）	生物、物理 数学	A. L. Hodgkin A. F. Huxley
1946	恒星演化学	天文	施瓦茨西德 （M. Schwarzschild）	物理、天文	J. Ledreberg E. L. Tatum
1946	发现细菌中的遗传重组 和细菌基因组的结构	生物	莱德伯格 （J. Ledreberg）	生物、化学	
1947	全息照相原理	物理	加博 （D. Gabor）		
1948	大爆炸宇宙模型	天文	伽莫夫 （G. Gamow）	天文、物理 数学	G. Gamow R. Alpher H. Bathe
1949	原子核壳层模型	物理	迈耶尔 （M. G. Mayer）	物理、化学	
1950	纤维丛理论	数学	斯丁洛特 （N. E. Steenrod）		
1951	广义函数论	数学	施瓦茨（L. Schwartz）		
1952	双重脑模型	生物	斯佩里 （R. W. Sperry）	生物、心理学	

续表

年代	科学突破	学科	核心人物	交叉情况	团队合作
1953	双螺旋模型	生物	沃森 （J. D. Watson）	生物、物理 数学、化学	J. D. Watson F. Crick
1954	规范场论	物理	杨振宁 （Yan Chen Ning）	物理、数学	Yan Chen Ning R. L. Mills
1955	测定蛋白质牛胰岛素的一级结构	化学	桑格 （F. Sanger）	化学、生物	F. Sanger and others
1956	微分结构	数学	米尔诺（J. W. Milnor）		
1957	抽象代数几何	数学	格罗登迪克 （A. Grothendieck）		
1958	银河系内中心氢的分布和旋涡结构图	天文	奥尔特 （J. H. Oort）	天文、物理	奥尔特 韦斯特豪特 克尔
1959	磁层	地质	戈尔德 （T. Gold）	地质、物理 天文	
1960	海底扩张说	地质	赫斯（H. H. Hess）	地质、物理	
1961	破译出第一个生物遗传密码	生物	尼伦伯格 （M. W. Nirenberg）	生物、化学	尼伦伯格 H. 马太 奥柯阿
1962	暖云降水	地质	顾震潮	地质、物理 数学	顾震潮 周秀骥
1963	发现类星体	天文	施米特 （M. Schmidt）	天文、物理	
1964	夸克模型	物理	盖尔曼 （M. Gell-Mann）	物理、数学	
	量子化学密度函数	化学	柯恩 （W. Kohn）	化学、物理 数学	

续表

年代	科学突破	学科	核心人物	交叉情况	团队合作
1965	彭加勒猜想	数学	斯梅尔（S. Smale）		
1966	分子轨道对称原理	化学	霍夫曼（R. Hoffmann）	化学、物理	R. Hoffmann R. Woodward
1967	分子进化中性论 人猿分离的分子证据	生物 生物	木村资生（Kimura Motoo） 威尔逊（E. O. Wilson）	生物、数学 生物、化学	Kimura Motoo Ohta Tomoko E. O. Wilson Sarich（萨里奇）
1968	发现脉冲星	天文	休伊什（A. Hewish）	天文、物理	A. Hewish J. Bell
1969	板块构造说	地质	摩根（W. Morgan）	地质、数学	W. Morgan X. L. Pichon D. Mckenzle
1970	非平衡态热力学 弱电统一理论	化学 物理	普里高津（I. Prigogine） 温伯格（S. Weinberg）	物理、化学 物理、数学	普里高津及其 布鲁塞尔学派
1971	发现类病毒	生物	迪奈（T. O. Diener）	生物、化学	T. O. Diener W. B. Raymer
1972	细胞凋亡	生物	柯尔（J. F. Kerr）	生物、化学	J. F. Kerr A. H. Wyllie A. R. Currie
1973	黑洞蒸发	天文	霍金（S. W. Hawking）	天文、物理 数学	
1974	魏伊德猜想的证明	数学	德林（P. Deligne）		
1975	分形几何学	数学	曼德勃罗（B. B. Mandelbrot）		
1976					

续表

年代	科学突破	学科	核心人物	交叉情况	团队合作
1977	一氧化氮生理功能	生物	穆拉德（F. Murad）	生物、化学	
1978	控制发育基因	生物	刘易斯（E. B. Lewis）	生物、化学	
1979	超循环	生物	艾肯（M. Eigen）	生物、数学 化学	M. Eigen P. Schuster
	事件底层	地质	阿尔瓦雷兹（W. Alvarez）	地质、物理	W. Alvarez L. Alvarez
1980	量子霍尔效应	物理	克利青（K. V. Klitzing）	物理、化学	克利青 与其同事
1981	有限单群分类	数学	捷尔马诺夫		
1982	朊毒体	生物	普鲁西纳尔（S. B. Prusiner）	生物、化学	普鲁西纳尔 与其同事
	地幔脉动	地质	蒋志	地质、物理	
1983	莫德尔猜想证明	数学	法尔延斯（G. Faltings）		
1984	生物化石群	地质	候先光	地质、生物	候先光 张文堂
1985	碳 60 的发现	化学	柯尔（R. F. Curl）	化学、物理	R. F. Curl H. W. kroto
	化学反应分析方法	化学	李远哲（Yuan Tseh Lee）	化学、物理	R. E. Smalley Yuan Tseh Lee D. R. Herschbach
	发现准晶体	化学	郭柯信	化学、物理	郭柯信研究小组
1986	RNA 的酶活性	生物	韦斯特黑默	生物、化学	

续表

年代	科学突破	学科	核心人物	交叉情况	团队合作
1987	超弦理论	物理	威腾 （E. Witten）	物理、数学	E. Witten J. Schwarz M. Green
1988	发现艾滋病 R 基因	生物	Wang-Staal	生物、化学	F. Wang-Staal A. Hempel
1989					
1990	克隆人 SRY 基因	生物	辛克赖尔 （A. H. Sinclair）	生物、化学	A. H. Sinclair P. Berta M. S. Palmer
1991	组合化学	化学	弗卡 （G. J. Furda）	化学、数学	G. J. Furda R. Dougherty T. J. Williams P. A. Coyle J. Walsh
1992					
1993	遗传密码子的起源	生物	鲍曼	生物、化学	
1994	费马大定理	数学	维尔斯 （A. J. Wiles）		A. J. Wiles R. Taylor
1995	臭氧层形成机制	化学	克鲁增 （P. J. Crutzen）	化学、物理	克鲁增 及其同事
1996	地核自旋转新发现	地质	宋晓东	地质、物理	宋晓东 保尔．理查兹
1997	预测厄尔尼诺现象	天文		天文、地质 物理	

年代	科学突破	学科	核心人物	交叉情况	团队合作
1998	宇宙加速膨胀	天文	索尔·波姆特	天文、物理	索尔．波姆特研究小组（美）/布莱恩·斯奇米德特研究小组（澳大利亚）
1999	咖吗爆	天文		射电天文学	涉及团队合作
合计	119			90	51

附录 B 人名对照表

H. Zuckrman	哈里特·朱克曼
D. Price	普赖斯
B. W. Tuckman	托克曼
Max Delbruck	马克斯·德尔布吕克
Salvdore Luria	萨尔瓦多·卢里亚
Alfred D. Hershey	艾尔弗雷德·D. 赫尔希
Marie Sklodowska	居里夫人
Niels Bohr	尼尔斯·玻尔
Alfred Brian Pippard	派帕德
William Lawrence Bragg	威廉·劳伦斯·布拉格
Martin Ryle	马丁·赖尔
Antony Hewish	安东尼·休伊什
F. Crick	克里克
J. D. Watson	沃森
Eenrico Fermi	恩里科·费米
Orso Mario Corbino	柯比诺
William Shockley	威廉·肖克莱
Oliver Ellworth Buckley	巴克莱
Mervin J. Kelly	凯利
S. Morgan	摩尔根
W. Sierpinski	西尔宾斯基
S. Mazurkiewicz	马祖凯维奇

K. Borsuk	布尔苏克
W. Hurewicz	呼列维奇
J. Schauder	肖德尔
Rosalind Franklin	罗莎琳·富兰克林
M. H. F. Wilkins	威尔金斯
Linus Carl Pauling	鲍林
Karl R. Popper	波普尔
Erndst Rutherford	卢瑟福
Otto Hahn	哈恩
F. Joliot−Curie	F. 约里奥−居里
I. Joliot−Curie	伊伦·约里奥−居里
Willis Eugene Lamb	兰姆
N. Wiener	维纳
John Bardeen	约翰·巴丁
Leon North Cooper	利昂·诺斯·库珀
John Robert Schrieffer	约翰·罗伯特·施赖弗
Joseph John Thomson	约瑟夫·约翰·汤姆逊
C. G. Darwin	C. G. 达尔文
Bertram Borden Boltwood	玻特伍德
Hans Wilhelm Geiger	汉斯·盖革
William Kay	W. 凯
Patrick Maynard Stuart Blackett	布莱克特
Paul Adrien Maurice Dirac	狄拉克
Peter Leonidovich Kapitza	卡皮查
Frederick Soddy	索迪
James Chadwick	查德威克
Edward Victor Appleton	阿普尔顿
John Douglas Cockcroft	考克饶夫
F. Strassmann	斯特拉斯曼

Felix　Klein	克莱茵
David　Hilbert	大卫·希尔伯特
Hermann　Weyl	赫尔曼·魏依尔
Werner Karl Heisenberg	海森伯
Max Karl Ernst Ludwig Planck	普朗克
Albert　Einstein	爱因斯坦
Louis-Victor Pierre Raymond de Broglie	德布罗意
Arthur Holly Compton	康普顿
Erwin　Schrodinger	薛定鄂
Max　Born	玻恩
J. Bell	乔斯林·贝尔
John　Ziman	约翰·齐曼
Carlo　Rubbia	鲁比亚
Dudley Robert Herschbach	赫施巴赫
Lee Yuan Tseh	李远哲
Harold Walter Kroto	克罗托
Robert Floyd Curl	柯尔
Richard Errest Smally	斯莫利
E. Marsden	厄内斯特·马斯登
Henry Gwyn Jeffrdys Moseley	莫斯莱
R. S. Woodworth	伍德沃思
Gaston Bachelard	加斯东·巴什拉
Warren　Weaver	沃伦·威沃
Murray　Gell-mann	马瑞·盖尔曼
Kenneth　Arrow	肯尼思·阿诺
Philip　Anderson	菲利普·安德森
P. S. Aleksandrov	A. ∏. 亚历山德罗夫
Ernest　Orlando　Lawrence	劳伦斯
W. Brobeck	布洛贝克

Edwin Mattison McMillan	麦克米伦
Glenn Theodore Seaborg	西伯格
Emilio Gino Segre	塞格雷
Owen　Chamberlain	张伯伦
Melvin　Calvin	卡尔文
Donald Arthur Glaser	格拉泽
Luis Walter Alvarez	阿尔瓦雷兹
Leo Szilard	西拉德
Richard Phillips Feynman	费因曼
J. Robert Oppenheimer	奥本海默
G. Cowan	乔治·考温
Fredrick Sanger	桑格
James Clerk Maxwell	麦克斯韦
Michael　Faraday	法拉第
Chen Ning Yang	杨振宁
Herbert Alexander Simon	赫伯特·A. 西蒙
Thomas S. Kuhn	托马斯·库恩
S. Cole	史蒂芬·科尔
J. Cole	乔纳森·科尔
Max Ferdinand Perutz	皮鲁兹
John Cowdery Kendrew	肯德鲁
I. Michurin	米丘林
S. Traweek	沙伦·特拉维克
Francis　Bacon	弗兰西斯·培根
Robert　Boyle	波义耳
Galileo	伽利略
Sir Isaac Newton	牛顿
Antoine Laurent Lavoisier	拉瓦锡
Humboldt	洪堡

Justus Von Liebig	李比希
Charles Adolph Wurtz	武兹
Kekule von Stradonitz	凯库勒
Gttfried　Leibniz	莱布尼茨
Rene　Descartes	笛卡尔
Florian Znaniecki	兹纳涅茨基
Karl Friedrich Gauss	高斯
Bernhard　Riemann	黎曼
Hermann　Minkowski	闵可夫斯基
Llya Mikhailovich Frank	弗兰克
Lgor Yevgenyevich Tamm	塔姆
Janiszewski	雅尼斯柴夫斯基
A. C. Cemehob	谢苗诺夫
F. Lindemann	林德曼
F. B. Jeweet	尤厄特

附注：

1）以下几人的英文名未查到：马瑟斯、隆封布莱纳、K. A. 朗格、A. A. 博戈莫列茨；

C. 特鲁斯德尔；

2）以下几人的中文名未找到：A. Hoborski，S. Golab，Aleksander Wundheiler。

附录 C 国家重点实验室建设
与管理暂行办法

第一章 总 则

第一条 为规范和加强国家重点实验室（以下简称实验室）的建设和运行管理，制定本办法。

第二条 实验室是国家科技创新体系的重要组成部分，是国家组织高水平基础研究和应用基础研究、聚集和培养优秀科学家、开展学术交流的重要基地。

第三条 实验室的主要任务是根据国家科技发展方针，围绕国家发展战略目标，针对学科发展前沿和国民经济、社会发展及国家安全的重大科技问题，开展创新性研究。其目标是获取原始创新成果和自主知识产权。

第四条 实验室是依托大学、科研院所和其他具有原始创新能力的机构建设的科研实体。具有相对独立的人事权和财务权。

第二章 职 责

第五条 国家对实验室实行分级分类管理。科学技术部（以下简称科技部）是实验室的宏观管理部门，主要职责是：

1. 编制和组织实施实验室总体规划和发展计划。

2. 制定实验室发展方针、政策和规章，宏观指导实验室的建设和运行。

3. 批准实验室的建立、重组、合并和撤消。组织实验室评估和考核。

4. 拨发有关经费。

第六条 国务院部门（行业）或地方省市科技管理部门是实验室的行政主管部门（以下简称主管部门），主要职责是：

1. 贯彻国家有关实验室建设和管理的方针、政策和规章，支持实验室的建设和发展。

2. 依据本办法制定本部门（行业、地方）实验室管理细则，指导实验室的运行和管理，组织实施实验室建设。

3. 聘任实验室主任和学术委员会主任。

4. 拨发、配套有关经费。

第七条 依托单位是实施实验室建设和运行管理的具体负责单位，主要职责是：

1. 为实验室提供后勤保障，以及经费等配套条件。

2. 负责推荐实验室主任及学术委员会主任，聘任实验室副主任、学术委员会副主任及委员。

3. 对实验室进行年度考核，配合科技部和主管部门做好对实验室的评估工作等。

4. 根据学术委员会建议，提出实验室研究方向、任务、目标等重大调整意见报主管部门，解决实验室建设与运行中的有关问题。

第三章 设立与建设

第八条 为促进我国科学技术进步，提高科技可持续创新能力，加强基础研究基地建设，稳定基础研究队伍，培养和吸引国内外优秀科技人才，国家有计划、有重点地装备、新建和调整实验室。

第九条 实验室建设坚持"三高一优两重点"的原则。即高水平研究机构、高校和高科技企业；优秀的部门（行业）或地方实验室；"两重点"指具有突击前沿获取原始科学创新能力的专门学科实验室和集成关键性、原创性科学技术能力的跨学科综合实验室。

第十条 科技部根据国家科技发展纲要，制定《国家重点实验室发展规划》，指导实验室建设。

第十一条　申请实验室建设的基本条件：1. 一般为已运行、并对外开放 2 年以上的部门（地方、高科技企业）重点实验室，在本领域中具有国际先进水平或特色，能承担和完成国家重大科研任务；2. 依托单位能为实验室提供后勤保障及相应经费等配套条件；3. 主管部门能保证实验室建设配套经费及建成后实验室的运行经费。

第十二条　依据《国家重点实验室建设规划》，申报实验室由依托单位提出、主管部门择优推荐（无主管部门的机构，可直接向科技部申报），并报送《国家重点实验室建设申请报告》，科技部组织专家评审。评审通过后，由申请单位填报《国家重点实验室建设计划任务书》，经主管部门初审，报科技部批准立项。

第十三条　实验室立项后进入建设实施期，其国拨及配套经费应根据《国家重点实验室建设计划任务书》要求安排，主要用于购置先进仪器设备及必要软件等，大型仪器设备的购置应采用招标形式。

第十四条　实验室建设应本着"边建设、边研究、边开放"的原则。依托单位在实施实验室建设期间，要定期向主管部门报告进展情况，保证实验室人员的相对稳定。建设期间实验室主任连续半年以上不在岗时，一般应及时调整并报主管部门批准，特殊情况应报科技部核准。

第十五条　实验室建设期限一般不超过 2 年。建成后，应提交验收申请，经主管部门初审后报科技部，科技部组织验收通过后予以批准。

第十六条　国家鼓励利用现代信息技术，探索有利于科技创新的新型科研组织形式，支持实验室网络化的建设。

第四章　变更与调整

第十七条　根据国民经济和社会发展、学科发展的需要，以及实验室实际运行状况，科技部可调整实验室的布局及结构，对实验室进行重组、整合、撤消等。

第十八条　科技部争取有效的经费渠道支持实验室设备更新。确需更新设备的由实验室填报《国家重点实验室设备更新申请报告》，科技部组织论证后，由主管部门组织实施。必要时国家有权调配由国家装备的大型科研仪器设备。

第十九条　实验室确有需要更名、变更研究方向或进行结构调整、重组的，须由实验室主任提出书面报告，经学术委员会和相关学科专家的论证，论证报告经主管部门审核后，报科技部核准。

第五章　运行与管理

第二十条　实验室实行"开放、流动、联合、竞争"的运行机制，试行依托单位领导下的主任负责制。

第二十一条　实验室主任由依托单位推荐，主管部门聘任，报科技部备案。主任应是本领域高水平的学术、学科带头人，具有较强的组织管理和协调能力，年龄一般不超过六十岁，任期为五年。一般每年在实验室工作时间不少于八个月（一届累计不在岗时间最多为十八个月），特殊情况要经主管部门批准。

第二十二条　学术委员会是实验室的学术指导机构，主要任务是审议实验室的目标、任务和研究方向，审议实验室的重大学术活动、年度工作，审批开放研究课题。学术委员会会议每年至少召开一次。

第二十三条　学术委员会由国内外优秀专家组成，人数不超过十五人，其中依托单位的学术委员不超过总人数的三分之一，中青年学术委员不少于三分之一。学术委员任期五年，年龄不超过七十岁，每次换届应更换三分之一以上成员。

第二十四条　实验室实行课题制管理和试行下聘一级的人事制度，研究队伍由固定人员和流动人员组成，少量固定人员以学科、学术带头人（首席专家）为主，按实验室所设学科严格控制其编制，由实验室主任公开聘任。其他研究人员数量由学科、学术带头人（首席专家）根据研究工作的需要和争取到课题的实际情况自主聘任，受聘人员作为流动编制经实验室主任核准后，其相关费用由课题组负担。实验室应注意稳定一支高水平的技术队伍。

第二十五条 实验室要根据研究方向设置开放基金和开放课题，吸引国内外优秀科技人才，加大开放力度，积极开展国际和国内合作与学术交流。

第二十六条 实验室应加强知识产权保护。对实验室完成的专著、论文、软件、数据库等研究成果均应署实验室名称，专利申请、技术成果转让、申报奖励按国家有关规定办理。

第二十七条 实验室主任基金在运行补助费中列支，由实验室主任管理，主要用于支持具有创新思想的课题、新研究方向的启动和优秀年轻人才的培养。在符合国家有关政策的前提下，实验室经费可用于岗位补贴、绩效奖励等。

第二十八条 实验室要建立健全内部规章制度，重视和加强管理。注重仪器设备和计算机网络的建设与使用效率。要重视学风建设和科学道德建设，加强数据、资料、成果的科学性和真实性审核，以及保存工作。

第六章　考核与评估

第二十九条 依托单位应当每年对实验室工作进行年度考核，考核结果报主管部门备案。

第三十条 在年度考核的基础上，科技部定期组织实验室周期评估，评估工作委托中介机构按不同领域，本着"公开、公平、公正"和坚持"依靠专家、发扬民主、实事求是、公正合理"的原则进行。《国家重点实验室评估规则》另行发布。

第三十一条 按照优胜劣汰的原则，对被评估为优秀的部门（地方）实验室，符合实验室总体规划的，可申请升级为国家重点实验室。对评估成绩差、不符合要求的国家重点实验室，要予以降级或淘汰。

第七章　附　则

第三十二条 实验室统一命名为"××国家重点实验室（依托单位）"，英文名称为"State Key Laboratory of ××（依托单位）"。如：摩擦学国家重点实验室（清华大学），State Key Laboratory of Tribology（Tsinghua University）。

第三十三条　实验室经费管理办法另行发布。

第三十四条　部门（行业、地方）实验室是我国实验室体系的重要组成部分，其管理办法可参照本办法自行制定。无行政主管部门的依托单位，可参照本办法加强管理工作。

第三十五条　本办法由科技部负责解释。

第三十六条　本办法自公布之日起施行。

附录 D 国家重点实验室评估规则

第一章 总 则

第一条 为加强国家重点实验室（以下简称实验室）的管理，规范国家重点实验室评估工作，根据《国家重点实验室建设与管理暂行办法》，特制定本规则。

第二条 评估是实验室管理的重要环节，主要目的是：全面检查和了解实验室情况，总结经验，发现问题，推动实验室更好地实行"开放、流动、联合、竞争"的运行机制，促进实验室的改革和发展；为国家相关管理部门的决策提供依据。

第三条 评估工作贯彻"公开、公平、公正"和"依靠专家、发扬民主、实事求是、公正合理"的原则。

第四条 评估主要对实验室五年的整体运行状况进行评价，主要指标为：研究水平与贡献、队伍建设与人才培养、开放交流与运行管理。

第五条 科学技术部（以下简称科技部）定期组织对实验室的评估。每五年对实验室评估一次，每年评估一至两个学科（领域）的实验室。所有实验室原则上都应参加评估。

第六条 具体评估工作由科技部委托评估机构实施。

第二章 评估组织

第七条 科技部是实验室的宏观管理部门，主管实验室评估工作，主要职责是：制定评估规则和指标体系，确定评估机构和评估任务，审核评估方案和评估报告，审定并公布评估结果。

第八条　评估机构根据科技部的委托承担评估工作，主要职责是：受理评估申请，拟定评估方案和评估细则，组织专家评估，提交评估报告。

第九条　实验室主管部门的主要职责是：指导本部门实验室的评估工作，组织依托单位和实验室做好评估工作，审核和汇总评估申请材料。

第十条　实验室依托单位的主要职责是：配合科技部、主管部门和评估机构做好评估准备工作；审核评估申请材料的真实性和准确性，并承担材料失实的连带责任；为实验室评估提供支持和保障。

第十一条　参评实验室应认真准备和接受评估，准确真实地提供相关材料，不得以任何方式影响评估的公正性。

第三章　评估程序

第十二条　每年 11 月 1 日前，科技部确定次年计划评估的实验室名单，并通知主管部门和评估机构。

第十三条　实验室主管部门在实验室评估名单下达后三个月内，向评估机构提交经审核的《国家重点实验室评估申请书》。

第十四条　评估机构制订详细的评估方案，报科技部审批。科技部在收到评估方案后的 15 个工作日内批复。

第十五条　评估机构组织专家评估。专家应为本学科（领域）学术水平高、责任心强的一线科学家及少数科研管理专家。专家评估分现场评估和复评两个阶段。

第四章　现场评估

第十六条　现场评估的主要目的是：全面了解和评价实验室的运行状况，检查与核实实验室取得的成绩，明确指出实验室存在的问题和努力方向。

第十七条　现场评估按研究方向相近的原则将实验室分成若干组，专家组到现场对实验室进行考察，专家组人数不少于 5 人。同一组实验室的现场评估原则上由同一批专家完成。现场评估在申请截止之日起三个月内完成。

第十八条 现场评估由专家组主持，主要内容包括：

1. 听取实验室主任报告和代表性成果学术报告；

2. 考察仪器设备共享管理和运行情况、核实科研成果和开放情况、了解人才队伍建设情况、抽查实验记录；

3. 召开座谈会和进行个别访谈等。

第十九条 实验室主任报告主要对评估期限内实验室运行状况进行全面、系统总结。代表性成果主要是指评估期限内以实验室为基地、以实验室固定人员为主产生的、符合实验室发展 方向的重大科研成果，国内外合作研究的重大成果以适当权重考虑。主要成果需有实验室署名。成果按基础研究、应用基础研究和基础性工作分类。

第二十条 专家组根据评估指标体系对实验室记名打分，并提出评估意见。

第五章 复 评

第二十一条 复评在现场评估的基础上，采取集中开会的形式对现场评估排序前30%和后20%的实验室进行评议。复评一般在现场评估结束后一个月内完成。

第二十二条 复评专家组主要由参加现场评估的专家组成。

第二十三条 复评专家组通过听取实验室主任报告和现场评估意见，统一讨论、比较后，根据评估指标体系对实验室打分。

第二十四条 复评实验室主任报告主要介绍实验室的代表性成果、优势和特色、国内外的地位和影响、存在的问题和不足、发展规划和设想等。有关人员经允许可以旁听实验室主任报告。

第二十五条 复评确定本学科（领域）实验室的初步评估结果。

第六章 评估结果

第二十六条 复评结束后一个月内，评估机构向科技部提交评估报告和其他相关资料。评估报告要在对评估过程中产生的大量材料进行分析研究的基础上，对评估工作进行系统总结，并提出意见和建议。

第二十七条　科技部审核评估报告，按优秀、良好、较差三类确定评估结果，并以适当方式发布。

第二十八条　评估结果为"较差"的实验室，将不再列入国家重点实验室序列。

第二十九条　连续两次评估结果为"优秀"的实验室可通过主管部门向科技部申请免参加一次评估，其结果视为"良好"；连续三次评估结果为"优秀"的实验室可申请免参加一次评估，其结果视为"优秀"。其他申请不参加评估或中途退出评估的实验室，视为放弃"国家重点实验室"资格。

第七章 附　则

第三十条　实验室评估费用由科技部支付。评估机构不得利用评估谋取利益。

第三十一条　实验室现场评估的会务接待工作不得委托参评实验室或依托单位承办。

第三十二条　评估机构、工作人员和评估专家要严格遵守保密规定。

第三十三条　评估专家应当严格遵守国家法律、法规和政策，科学、公正、独立地行使职责和权利。

第三十四条　评估实行严格的回避制度。与实验室有直接利害关系者不得参加评估。实验室可提出希望回避的专家名单并说明理由，与评估申请书一起上报。

第三十五条　部门和地方重点实验室等的评估可参照本规则执行。

第三十六条　本规则自发布之日起施行。原《国家重点实验室评估规则》同时废止。

第三十七条　本规则由科技部负责解释。